国家重点基础研究发展计划（973计划）项目（2006CB403401）资助
中国水利水电科学研究院科研专项（ＺＪ１２２４）

"十二五"国家重点图书出版规划项目

海河流域水循环演变机理与水资源高效利用丛书

# 河流生态系统综合分类理论、方法与应用

高晓薇　秦大庸　著

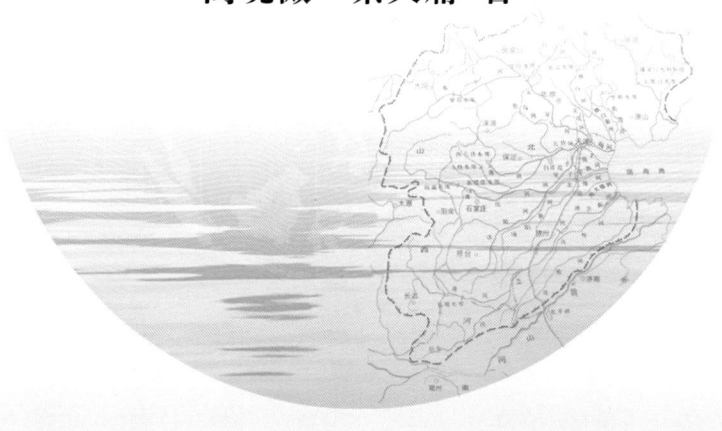

科学出版社

北京

## 内 容 简 介

本书系统介绍河流生态系统综合分类的理论方法，科学分析天然及近天然河流发育形成的地质年代、地理气候条件、河水补给来源、地貌条件、平面形态、微生境特征及生物群落组成，并在考虑人类活动干扰的情况下，探讨河流生态系统综合分类可能的应用途径，包括河流生态系统健康评价、可修复性分析及水生态系统保护与修复，并以深圳河和大汶河生态系统为例，进行河流生态系统综合分类研究，开展水生态系统保护与修复实践。

本书涉及水利、环境和生态等多学科内容，可供从事水资源保护与河湖健康保障的工程技术和规划管理人员参考。

**图书在版编目（CIP）数据**

河流生态系统综合分类理论、方法与应用／高晓薇，秦大庸著.—北京：科学出版社，2014.9

（海河流域水循环演变机理与水资源高效利用丛书）

"十二五"国家重点图书出版规划项目

ISBN 978-7-03-041608-7

Ⅰ.河… Ⅱ.①高… ②秦… Ⅲ.河流–生态系统–分类–研究 Ⅳ.X321

中国版本图书馆 CIP 数据核字（2014）第 183719 号

责任编辑：李 敏 吕彩霞／责任校对：彭 涛
责任印制：钱玉芬／封面设计：王 浩

科学出版社 出版
北京东黄城根北街 16 号
邮政编码：100717
http://www.sciencep.com

北京东华虎彩印刷有限公司 印刷
科学出版社发行 各地新华书店经销
\*

2014 年 9 月第 一 版　开本：787×1092　1/16
2017 年 3 月第二次印刷　印张：10 1/2　插页：2
字数：322 000

**定价：100.00 元**
（如有印装质量问题，我社负责调换）

# 总　　序

流域水循环是水资源形成、演化的客观基础，也是水环境与生态系统演化的主导驱动因子。水资源问题不论其表现形式如何，都可以归结为流域水循环分项过程或其伴生过程演变导致的失衡问题；为解决水资源问题开展的各类水事活动，本质上均是针对流域"自然-社会"二元水循环分项或其伴生过程实施的基于目标导向的人工调控行为。现代环境下，受人类活动和气候变化的综合作用与影响，流域水循环朝着更加剧烈和复杂的方向演变，致使许多国家和地区面临着更加突出的水短缺、水污染和生态退化问题。揭示变化环境下的流域水循环演变机理并发现演变规律，寻找以水资源高效利用为核心的水循环多维均衡调控路径，是解决复杂水资源问题的科学基础，也是当前水文、水资源领域重大的前沿基础科学命题。

受人口规模、经济社会发展压力和水资源本底条件的影响，中国是世界上水循环演变最剧烈、水资源问题最突出的国家之一，其中又以海河流域最为严重和典型。海河流域人均径流性水资源居全国十大一级流域之末，流域内人口稠密、生产发达，经济社会需水模数居全国前列，流域水资源衰减问题十分突出，不同行业用水竞争激烈，环境容量与排污量矛盾尖锐，水资源短缺、水环境污染和水生态退化问题极其严重。为建立人类活动干扰下的流域水循环演化基础认知模式，揭示流域水循环及其伴生过程演变机理与规律，从而为流域治水和生态环境保护实践提供基础科技支撑，2006年科学技术部批准设立了国家重点基础研究发展计划（973计划）项目"海河流域水循环演变机理与水资源高效利用"（编号：2006CB403400）。项目下设8个课题，力图建立起人类活动密集缺水区流域二元水循环演化的基础理论，认知流域水循环及其伴生的水化学、水生态过程演化的机理，构建流域水循环及其伴生过程的综合模型系统，揭示流域水资源、水生态与水环境演变的客观规律，继而在科学评价流域资源利用效率的基础上，提出城市和农业水资源高效利用与流域水循环整体调控的标准与模式，为强人类活动严重缺水流域的水循环演变认知与调控奠定科学基础，增强中国缺水地区水安全保障的基础科学支持能力。

通过5年的联合攻关，项目取得了6方面的主要成果：一是揭示了强人类活动影响下的流域水循环与水资源演变机理；二是辨析了与水循环伴生的流域水化学与生态过程演化的原理和驱动机制；三是创新形成了流域"自然-社会"二元水循环及其伴生过程的综合模拟与预测技术；四是发现了变化环境下的海河流域水资源与生态环境演化规律；五是明晰了海河流域多尺度城市与农业高效用水的机理与路径；六是构建了海河流域水循环多维临界整体调控理论、阈值与模式。项目在2010年顺利通过科学技术部的验收，且在同批验收的资源环境领域973计划项目中位居前列。目前该项目的部分成果已获得了多项省部级科技进步奖一等奖。总体来看，在项目实施过程中和项目完成后的近一年时间内，许多成果已经在国家和地方重大治水实践中得到了很好的应用，为流域水资源管理与生态环境治理提供了基础支撑，所蕴藏的生态环境和经济社会效益开始逐步显露；同时项目的实施在促进中国水循环模拟与调控基础研究的发展以及提升中国水科学研究的国际地位等方面也发挥了重要的作用和积极的影响。

  本项目部分研究成果已通过科技论文的形式进行了一定程度的传播，为将项目研究成果进行全面、系统和集中展示，项目专家组决定以各个课题为单元，将取得的主要成果集结成为丛书，陆续出版，以更好地实现研究成果和科学知识的社会共享，同时也期望能够得到来自各方的指正和交流。

  最后特别要说的是，本项目从设立到实施，得到了科学技术部、水利部等有关部门以及众多不同领域专家的悉心关怀和大力支持，项目所取得的每一点进展、每一项成果与之都是密不可分的，借此机会向给予我们诸多帮助的部门和专家表达最诚挚的感谢。

  是为序。

海河973计划项目首席科学家<br>
流域水循环模拟与调控国家重点实验室主任<br>
中国工程院院士<br>
2011年10月10日

# 序

"水者何也？万物之本原，诸生之宗室也。"水滋养万物，孕育蕴藉深厚的文化。水势浩荡的尼罗河孕育了灿烂的古埃及文明，幼发拉底河的消长荣枯，见证了巴比伦王国的兴盛亡衰，地中海沿岸的自然环境是古希腊文化的摇篮，流淌在东方的长江与黄河则滋润了底蕴深厚的中华文化。水生态文明是以人水和谐为理念，以水资源可持续利用支撑社会经济可持续发展，保障生态系统良性循环为主体的文化伦理形态。无论从自然与社会的视角，还是生态学的视角，水生态系统都不再孤立于人类之外，而是作为人类社会的共同体存在，两者相互依存。

我国政府高度重视水生态文明建设。党的十八大报告中提出了建设美丽中国、推进生态文明的历史命题和"尊重自然、顺应自然、保护自然"的生态文明理念，诠释了生态文明的内涵。报告指出"良好的生态环境是人类社会经济持续发展的根本基础。要实施重大生态修复工程，增强生态产品生产能力"。由此可知，建设水生态文明与人类社会可持续发展休戚相关，而水生态保护与修复是水生态文明建设的关键。

河流生态系统是人类赖以生存和发展的基础，也是水生态文明的重要组成部分，以其独特的自然之美，丰富了水生态文明的内涵。然而，由于人类过度开发和利用河流生态系统，忽视了河流生态系统的健康，造成河道断流、水体污染甚至水生生物的消亡。随着人类社会的进步，人们逐步认识到河流生态系统保护与修复的极端重要性，这不仅能够为人类生存和发展提供良好的环境，也可满足人类对于精神和文化的需求。

正是在上述背景和条件下，著者撰写了《河流生态系统综合分类理论、方法与应用》一书。本书较为系统地阐述了河流生态系统相关的概念和理论，建立了面向生态的河流生态系统综合分类方法，探讨了水环境与水生生物的作用关系，并以深圳河和大汶河为例，将河流生态系统综合分类方法应用于河流健康评价，提出生态修复工程措施。该书最大的亮点是从河流的纪、系、统、类、型、境、群多个层次探讨不同时空尺度上影响河流行为的环境因子及其生态效应，反映河流发育的地质地貌、地理气候、河流形态、生境特征及生物群落等在不同河流上的类型归属和生态表现，系统阐述了现有分类方法在综合分类体系中的地位和作用，该方法不仅涉及河流生态系统的自然属性，还融合了流域内的社会因素，强调了河流生态系统的多属性综合效应。本书是在交叉学科发展方面呈现的创新之作，从理论方法上可为我国的水生态保护与修复提供科学指导。

2014 年 8 月

# 前 言

党的十八届三中全会作出加强生态文明建设的重大部署,并明确了生态文明的建设内容为"实施重大生态修复工程,增强生态产品生产能力,推进荒漠化、石漠化、水土流失综合治理,扩大森林、湖泊、湿地面积,保护生物多样性……"可见,水生态修复在生态文明建设中占据了突出地位,因此开展河流生态系统相关研究意义重大。

河流生态系统是典型的淡水生态系统,包括河道水流区以及与此发生水力联系的承载水环境和水生生物的区域。河流生态系统主要包括流水生态系统、河岸带陆地生态系统和湿地沼泽生态系统。河流生态系统是水生生物重要的栖息环境,洪水和泥沙的输送通道,社会经济生产的水源供给者,也是人类活动过程中排放物质的受纳体。河流生态系统通过自我调节机制,保持自身的生态平衡,并在最大程度上克服和消除来自外部的扰动。

河流生态系统的多功能属性决定其在被开发利用过程中受到人类活动的强烈干扰,甚至导致河流结构和功能受损或退化。如何合理开发利用河流资源,开展受损河流生态系统保护与修复工作,将成为社会广泛关注的热点,也是进行河流生态系统分类和健康评价的最终目的。

河流生态系统综合分类有助于认识河流系统形成、发育、发展及演化机理,为河流生态系统健康评价提供基础支撑,同时也是开展水生态系统保护与修复的科学依据。随着人类对河流生态系统认识程度的深入,单一的河流生态系统分类方法已不能满足新的历史时期开发利用以及保护修复河流的需求。本书通过对河流生态系统形成背景及结构特征的深入分析,综合了传统河流系统分类的优势,提出河流生态系统综合分类方法。该方法从不同时空尺度上探讨影响河流生态系统的环境要素及其生态效应,科学分析河流发育形成的地质年代、地理气候条件、河水补给来源、地质地貌条件、平面形态、微生境特征及生物群落在特定河段上的类型归属及其生态表现,系统阐述现有分类方法在综合分类体系中的地位和作用,并揭示传统分类方法之间的关系及适用范围。

本书研究指出河流生态系统综合分类层次结构中不同空间尺度环境要素的生态效应差异显著,其中地理气候和地貌条件是决定河流水生生物分布的决定性因素。结合国内外研究资料,按照河流生态系统综合分类的层次递进关系分析各典型河流生态系统的特征,包括河道基本通量(径流量、输沙量等)与水生生物群落(浮游生物、水生植物、底栖生物和游泳动物等)的组成和分布状况。通过对生物群落中部分广适种、气候种和典型地方种的辨识，至少在"属"的水平上详细刻画典型河流生态系统的特征，以期为河流生态系统健康评价及保护修复提供近似的"生物基准"。

本书列举了深圳河和大汶河两个案例。深圳河案例是基于"深圳市水环境改善若干关键问题及其技术对策研究"项目的研究成果提炼而成。该项目于2008年立项，由北京大学与深圳市环境科学研究院联合开展技术攻关。深圳河是典型的城市河流，20世纪80年代已出现水污染现象，但是其河流水文和生物监测工作直至90年代中后期才逐渐开展，数据资料系列较短且缺失严重，亟须借助河流生态系统综合分类弥补数据缺失问题。该案例依据河流生态系统综合分类的层次结构，从深圳河流域自然环境背景和历史演化过程出发，兼顾社会经济快速发展的特点，对深圳河生态系统进行结构解析、功能辨识、健康评价与改善措施优化等，提出了一套切实有效的河流健康评价方法。大汶河案例基于"泰安市现代水网建设规划"项目的部分核心内容总结而成。该研究将河流生态系统综合分类拓展为流域分区，以现代治水理念为指导，依托大汶河流域自然水系，结合主导功能判别，分区域有针对性地开展水生态系统保护与修复工作。项目研究成果已应用于泰安市现代水网建设规划，也为山东省其他地市水生态系统保护与修复工作提供了良好示范作用。

本书共8章，涵盖了河流生态系统综合分类理论、方法以及其在深圳河和大汶河的实践应用。主要内容如下：

第1章介绍河流生态系统综合分类的基础知识，包括河流生态系统的特征与功能、构成基本要素、研究尺度与分级等内容，明晰河流生态系统的内涵与外延。第2章从学科角度，系统归纳河流生态系统综合分类的科学基础。河流生态系统的水文过程、地质地貌过程以及水环境与水生态等基础研究均为河流生态系统综合分类提供了科学支撑。第3章论述河流生态系统综合分类方法，揭示传统河流生态系统分类方法与综合分类方法的内在联系，提出河流生态系统综合分类的层析结构以及编码方法。第4章介绍河流生态系统综合分类的生态特征研究，通过探讨环境要素与水生生物的作用关系，预测典型河流生态系统的生境条件及生物群落组成。第5章探讨河流生态系统受到的人类活动干扰，研究对象由天然或近天然河流扩展为全部河流生态系统，为河流生态系统综合分类理论的实践应用提供前提条件。第6章分析河流生态系统综合分类可能的应用途径，包括在河流生态系统健康评价和水生态系统保护与修复中的应用等。第7章介绍河流生态系统综合分类在深圳河的应用案例，基于河流生态系统综合分类提供的特征信息，开展深圳河生态系统健康评价与可修复性分析。第8章介绍河流生态系统综合分类在大汶河的应用案例，将河流生态系统综合分类在流域面上进行拓展，分区开展水生态系统保护与修复研究。

本书在编写过程中，参考了许多国内外学者的著作和论文，在此谨向他们表示由衷的感谢。本书的撰写与出版还得到王浩院士、北京大学倪晋仁教授的指导与帮助，并获得中国水利水电科学研究院科研专项"水资源开发利用控制红线确定及指标体系建立"（课题号：ZJ1224）项目的资助，在此一并感谢。

由于本书涉及内容较为前沿且领域广泛，很多问题仍需要探索和深入研究，加之作者水平所限，因此难免出现一些不妥之处，恳请读者谅解并不吝赐教。希望本书的出版能起到抛砖引玉之功效，为从事水资源保护与河湖健康保障相关科研与实践的工作者提供参考。

作　者

2014年2月于北京

# 目 录

总序
序
前言

**第1章 河流生态系统综合分类的基础知识** ·········· 1
  1.1 河流生态系统的特征与功能 ·········· 1
    1.1.1 河流生态系统的特征 ·········· 1
    1.1.2 河流生态系统的功能 ·········· 4
  1.2 河流生态系统构成基本要素 ·········· 8
    1.2.1 环境要素的构成 ·········· 8
    1.2.2 生物群落的构成 ·········· 11
  1.3 河流生态系统的研究尺度与分级 ·········· 11
    1.3.1 河流生态系统的研究尺度 ·········· 12
    1.3.2 河流生态系统分级 ·········· 15
  1.4 河流生态系统模型 ·········· 16
    1.4.1 河流连续统模型 ·········· 16
    1.4.2 过程等级模型 ·········· 17
    1.4.3 自然水流模型 ·········· 18

**第2章 河流生态系统综合分类的科学基础** ·········· 19
  2.1 河流生态系统的水文过程 ·········· 19
    2.1.1 河流水系 ·········· 19
    2.1.2 河流水循环 ·········· 20
  2.2 河流生态系统的地质地貌过程 ·········· 25
    2.2.1 水生态系统演化的地质年代 ·········· 25
    2.2.2 流水作用与地貌形态 ·········· 26
    2.2.3 流水地貌与河床 ·········· 27
  2.3 河流水环境与水生态 ·········· 28
    2.3.1 河流水环境 ·········· 28
    2.3.2 河流水生态 ·········· 30

**第3章 天然及近天然河流生态系统综合分类** ·········· 32
  3.1 河流生态系统的地质年代 ·········· 32
    3.1.1 地质年代与古生物群落演化 ·········· 32

3.1.2　不同地质年代的生物条件分析 ························································ 33
　3.2　河流生态系统的地理气候和水源补给 ························································ 33
　　3.2.1　气候类型 ························································································ 33
　　3.2.2　补给来源 ························································································ 35
　　3.2.3　不同地理气候和水源补给的水文情势 ················································ 36
　3.3　河流生态系统的地貌条件 ············································································ 37
　　3.3.1　流水地貌形成过程 ············································································ 37
　　3.3.2　依据地貌条件的分类 ········································································ 39
　3.4　河流生态系统平面形态 ················································································ 40
　　3.4.1　河型成因各种理论 ············································································ 40
　　3.4.2　依据平面形态的分类 ········································································ 42
　3.5　河流生态系统综合分类层次结构 ································································ 42
　3.6　河流系统编码方法 ························································································ 45
　　3.6.1　多尺度编码系统 ················································································ 45
　　3.6.2　简化四叉树编码 ················································································ 45

# 第4章　典型河流生态系统特征分析 ······································································ 47
　4.1　河流水生生物群落的组成 ············································································ 47
　　4.1.1　浮游生物 ···························································································· 47
　　4.1.2　水生植物 ···························································································· 48
　　4.1.3　底栖生物 ···························································································· 49
　　4.1.4　游泳动物 ···························································································· 50
　4.2　河流水生生物与环境要素 ············································································ 51
　　4.2.1　藻类与环境要素 ················································································ 52
　　4.2.2　水生植物与环境要素 ········································································ 53
　　4.2.3　底栖动物与环境要素 ········································································ 54
　　4.2.4　鱼类与环境要素 ················································································ 55
　4.3　典型河流生态系统生境条件及生物群落组成 ············································ 57
　　4.3.1　各地质年代河流生态系统的生境条件 ·············································· 57
　　4.3.2　各地理气候区河流生态系统的生境条件 ·········································· 58
　　4.3.3　各水源补给类型河流生态系统的生境条件 ······································ 59
　　4.3.4　各地貌条件区河流生态系统的生境条件 ·········································· 61
　　4.3.5　各平面形态河流生态系统的生境条件 ·············································· 64
　　4.3.6　典型河流生态系统的生物群落组成 ·················································· 65

# 第5章　人类活动干扰对河流生态系统的影响 ······················································ 71
　5.1　河流生态系统与人类活动的发展关系 ························································ 71
　　5.1.1　干扰与河流生态系统演变 ································································ 71
　　5.1.2　河流治理与修复的阶段划分 ···························································· 72

5.2 人类活动干扰对河流水文情势的影响·········································· 74
  5.2.1 河川径流量减少··················································· 74
  5.2.2 城市化水文效应··················································· 74
  5.2.3 水文节律改变····················································· 75
5.3 人类活动干扰对河道形态的影响·············································· 80
  5.3.1 河道裁弯取直······················································ 80
  5.3.2 水域侵占·························································· 81
5.4 人类活动干扰对水环境条件的影响·········································· 82
  5.4.1 本底化学特征值改变············································· 82
  5.4.2 污染负荷加重····················································· 83
5.5 人类活动干扰对水生生物的影响·············································· 84
  5.5.1 生物资源量减少··················································· 84
  5.5.2 生物多样性锐减··················································· 84

# 第6章 河流生态系统综合分类的应用

6.1 河流生态系统健康评价························································· 86
  6.1.1 河流生态系统健康················································ 86
  6.1.2 河流生态系统健康评价方法····································· 88
6.2 河流生态系统可修复性分析·················································· 92
  6.2.1 河流生态系统结构的稳定性····································· 92
  6.2.2 河流生态系统的可修复性评价·································· 94
6.3 水生态系统保护与修复技术·················································· 95
  6.3.1 物理修复技术····················································· 95
  6.3.2 化学修复技术····················································· 95
  6.3.3 生物-生态修复技术·············································· 96

# 第7章 深圳河生态系统健康评价与可修复性分析

7.1 深圳河流域概况································································· 98
  7.1.1 自然地理及生态特征············································· 98
  7.1.2 社会经济特征···················································· 101
7.2 深圳河生态系统健康评价···················································· 102
  7.2.1 深圳河生态系统功能现状分析································· 103
  7.2.2 深圳河生态系统功能表征······································ 107
  7.2.3 深圳河生态系统功能权重······································ 113
  7.2.4 深圳河生态系统健康综合指数································ 114
  7.2.5 深圳河生态系统健康评价敏感性分析······················· 116
7.3 深圳河生态系统可修复性分析············································· 117
  7.3.1 深圳河生态系统修复目标······································ 117
  7.3.2 深圳河生态系统可修复性评价································ 119

7.4 深圳河生态系统主体功能修复 ·················································· 122
　　7.4.1 水质净化功能修复 ························································· 122
　　7.4.2 输水泄洪功能保护 ························································· 123
　　7.4.3 泥沙输移功能保护 ························································· 123
　　7.4.4 景观娱乐功能修复 ························································· 124

第8章 大汶河生态系统保护与修复 ·················································· 125
　8.1 大汶河生态系统特征 ······························································ 125
　　8.1.1 地理位置 ····································································· 125
　　8.1.2 地质年代 ····································································· 126
　　8.1.3 地形地貌 ····································································· 127
　　8.1.4 水文气象 ····································································· 127
　　8.1.5 水资源及水生生物资源状况 ············································· 129
　　8.1.6 社会经济发展 ······························································· 129
　8.2 大汶河生态系统综合分区 ······················································· 130
　　8.2.1 分区指标体系 ······························································· 131
　　8.2.2 综合分区结果 ······························································· 132
　8.3 大汶河生态系统分区保护与修复 ·············································· 133
　　8.3.1 水土流失重点治理区的水生态系统保护与修复 ···················· 133
　　8.3.2 水功能重点保护区的水生态系统保护与修复 ······················· 137
　　8.3.3 生态景观建设区的水生态系统保护与修复 ·························· 140
　　8.3.4 河流廊道景观建设区的水生态系统保护与修复 ···················· 144

参考文献 ························································································ 147
索引 ······························································································ 156

# 第1章 河流生态系统综合分类的基础知识

## 1.1 河流生态系统的特征与功能

河流生态系统是水生态系统中最为重要的一种类型,包括河道水流区以及与此发生水力联系的承载着水环境和水生生物群落的区域。河流生态系统主要包括流水生态系统、河岸带陆地生态系统和湿地沼泽生态系统。

### 1.1.1 河流生态系统的特征

河流生态系统是在一定空间中栖息的水生生物与其环境共同构成的统一有机体,是水生态系统重要的结构和功能单位。河流水生生物群落包括浮游生物、水生植物、底栖生物、游泳类动物和水生微生物等,每种水生生物位于河流生态系统食物链的不同位置,分别作为生产者、消费者和分解者出现。河流水环境是指组成河流生态系统的非生物环境,主要包括水温、水质、底泥条件等因素,其为水生生物生存和繁衍提供了必要的生存环境。河流水生生物既适应于河流的水环境,同时也在不断地改变着水环境。

河流生态系统主要具备以下4个方面的特征:①河流生态系统表现出水流的持续流动。河流生态系统区别于湖泊水体的直观特征是河流水体具有流动性,借助水流的运动,河流生态系统不断地进行着物质循环和能量流动。②河流生态系统是典型的多等级体系。河流生态系统是具备递进关系的多重空间和时间等级结构,具体表现为河流生态系统中大尺度的环境要素决定小尺度环境要素的边界条件和演变过程(Brierley and Fryirs, 2000)。③河流生态系统具有时空异质性。在空间上,河流生态系统从源头开始沿纵向的河宽、水深、流速、水温等物理量呈现连续变化；在时间上，河流生态系统处于不断地运动变化之中，在百万年、百年、月和日甚至更短的时间尺度下，河流生态系统的演化造成环境要素和生物群落组成的差异。④河流生态系统具备生物适应性。河流生态系统的生物群落适应其栖息的水环境，在自然条件下，相似的河流生态系统环境中会出现类似的水生生物群落。但是随着人类活动范围和强度的增加，构成生境条件的环境要素受到不同程度的人类活动干扰，造成生物群落的组成和结构发生不可预测的改变。

#### 1.1.1.1 河流生态系统的流动性

河流生态系统的水体具有流动性，在水体流动过程中伴随着能量流动、物质输移和信息传递。

**(1) 能量流动**

河流生态系统的能量流动是服从于热力学第一定律和第二定律的，即河流生态系统内部增加的能量等于外部输入的能量，且能量的传导具有方向性。能量流动分别在生态系统、食物链和种群3个层次上进行。例如，能量可以通过食物链从生产者到顶级消费者各层次种群间进行传递，通过测定食物链各环节上的能量值，可为研究河流生态系统能量损失和存储提供资料。

**(2) 物质输移**

河流生态系统物质输移存在两种形式：一种是借助于水体流动产生的物质输移和扩散，输送的物质包括泥沙、溶于水体的营养物质和各类污染物；另一种是发生在食物链各营养等级间的物质输移。

**(3) 信息传递**

河流生态系统的信息传递媒介包括水文周期、水位、流速、流量、水温等水环境要素，河流生态系统通过水环境要素的变化传递信息。例如，水位的涨落、水量的丰枯变化以及流速和流向的改变会导致鱼类产卵或休憩场所的迁移。

#### 1.1.1.2 河流生态系统的多等级体系

河流生态系统作为典型的多等级体系（傅伯杰等，2001），体现为大时空尺度的环境要素控制小尺度要素的变化过程。尺度越大，环境要素变化速率越慢，因此，小尺度环境要素的变化速率相对较快。同时，大尺度环境要素为小尺度环境要素提供边界条件。河流生态系统的空间等级划分可以包括区域、流域、水系和河段4个尺度。

1）区域是指一个或数个流域在内的行政区域。该尺度河流生态系统不一定满足水文完整性要求，但有助于识别行政干预的影响。河流生态系统在区域尺度变化过程的约束条件涉及人口、社会经济、基础设施和区域管理等诸多人为因素。

2）流域是地表及地下分水线所包围的空间区域。一方面，流域是通过水文循环将自然资源与社会资源整合在一起；另一方面，流域是区域的一种特殊形式，主要通过土地利用和水资源配置影响河流生态系统的发展演化。流域具有水文完整性，因此流域尺度的研究有助于河流生态系统重要过程、分布模式和定性分类的识别。

3）水系是由干支流构成的脉络相通的结构系统。它包括源头、流路、汇流、河口、干支流等分布要素，还包括与河流相连接的湖泊、水库、池塘、湿地、河汊、蓄滞洪区等。主干流的局部扰动会通过水系内部的传递呈现放大趋势，并影响整个河流生态系统。

4）河段是水环境要素较为均质和功能相对单一的空间尺度单位。作为河流生态系统空间等级上的最小单位，河段尺度的环境要素变化受到大尺度环境要素的控制和影响。因此，针对于河段实施的生态修复工作需同时考虑河段在水系、流域及区域所处的位置和作用，以实现修复目标并维持修复效果。

### 1.1.1.3 河流生态系统的时空异质性

在空间上，有学者在20世纪80年代提出了河流连续统概念（Vannote et al.，1980），该理论模型将河流生态系统视为一个连续、流动并且完整的系统。在实际观测中，河流生态系统沿着河流走向表现出空间上的差异，即纵向地带性。河流生态系统从源头集水区至河流下游的物理量呈现连续变化的特征。与此同时，生态过程也因为物理量的连续变化表现出空间差异。

在时间上，河流生态系统不断地发展演化。不同的年份、季节甚至一日内的不同时段，河流生态系统均能表现出差异性。在不同的时间节点，由于环境要素的改变，水生生物群落的组成和分布格局也随之发生变化。例如，春、夏、秋、冬四季，多数河流浮游植物的生物量和密度随季节更替表现出由高至低的变化规律。

#### 1.1.1.4 河流生态系统的生物适应性

在天然条件下，河流生态系统的生物群落在纵向、横向和垂向3个维度上（Ward，1989）都表现出适应于其栖息的水体环境。由于河流生态系统环境要素的改变，水生生物群落不断地进行调整和适应，表现出物种多样性和组分演替。

在纵向上，河流上、下游生物种类、数量往往有很大不同。河流上游一般发源于高山高原区，环境条件多表现为海拔高、水温低、坡陡流急、碎石底质、贫养、溶氧充沛等，因此，一些冷水性且要求溶解氧充沛的水生生物多分布在这里，如蜗牛、石蝇幼虫、纹石蛾幼虫、蜉蝣稚虫、鲑鱼等。河流中游和下游比降减小、流速减缓、河底沉积砂和泥、水体浊度增大，会出现河蚌、摇蚊幼虫、水蚯蚓、鲤鱼、鲫鱼等。至河口地区，尤其是外流河河口区则易出现咸淡水生物，如沙蚕等（洪松和陈静生，2002）。

在横向上，按照水深的差异可划分为沿岸带、敞水带和深水带。由沿岸带至深水带，水生生物从陆生、两栖类向水生类型转化，分布有挺水植物、漂浮植物、沉水植物、浮游植物、浮游动物及鱼类等不同类型的生物物种。

在垂向上，主要是由于河流水深和光照等环境要素作用而造成生物群落组成和分布的差异。河流上层优势种主要为自养型生物，是河流初级生产力聚集区；而河流中、下层深水区域光线微弱，植物光合作用不能有效进行，优势种主要为异养型和分解型底栖生物（卢升高和昌军，2002）。

### 1.1.2 河流生态系统的功能

河流生态系统的功能是指河流生态系统在生态过程中发挥的各种功效作用（阎水玉和王祥荣，2002）。依据河流生态系统的结构和组成特征，河流生态系统的功能主要体现在生态支持、淡水供给、水质净化、输水泄洪、水能供给、航道运输、物质生产、景观娱乐和泥沙输移等方面（倪晋仁和刘元元，2006）。

### 1.1.2.1 生态支持功能

河流生态系统的生态支持功能体现在调节局地气候、涵养水源以及提供生物栖息环境等方面。河流生态系统是陆地–水体–大气三个界面共同组成的开放系统，水汽在太阳辐射的作用下自水体表面蒸发到大气，并通过大气环流输送以及再次降回陆面的过程调节了河流生态系统所在区域的气候环境；河流生态系统所在流域是陆面降水的汇集区域，在这个意义上，河流生态系统具备涵养水源的作用；连通性良好的水系网络能够形成贯通的水流，对于河流生态系统改善水质、维护水体生态环境、孕育水生动物资源及有效利用水资源等方面产生有利影响。河流生态系统为各类水生生物提供生存繁衍环境，其结构的复杂性和合理性决定了整个生态系统的平衡和稳定。

### 1.1.2.2 淡水供给功能

水是生命之源、生产之要、生态之基。河流生态系统是淡水贮存的重要场所。首先，河流生态系统提供的淡水是人类及其他动物（包括家禽及野生动物）维持生命的必需品。人类最初滨水而居就是为了方便从河流中取水使用。其次，河流生态系统为农业灌溉、工业生产和城市生活提供了水源的保障。第三，河流生态系统也为生态环境用水提供了淡水水源支持。蓄水、引水、提水和调水等水利工程为河流生态系统的淡水资源大规模开发利用提供了有效途径。取水许可、最严格水资源管理以及节水型社会建设等管理制度的制定和落实也为淡水资源合理开发利用提供了强有力的保障。

### 1.1.2.3 水质净化功能

河流生态系统能够通过一系列的物理、化学和生物反应过程自然稀释、净化和降解由径流带入河道的污染物。河流生态系统净化水质的物理过程主要为自然稀释，保证河流生态系统具有足够的生态环境流量成为发挥水质净化功能的重要因素。水质净化的化学过程主要是通过河流生态系统的氧化还原反应实现对污染物的去除，其中，借助于河流生态系统的流动性增加水体的含氧量是水质天然化学净化过程的主要途径。河流生态系统中的水生动植物能够对各种有机、无机化合物和有机体进行有选择的吸收、分解、同化或排出。这些生物在河流生态系统中进行新陈代谢的摄食、吸收、分解、组合，并伴随着氧化、还原作用，保证了各种物质在河流生态系统中的循环利用，有效地防止了物质过分积累所形成的污染，一些有毒有害物质经过生物的吸收和降解后得以消除或减少，河流生态系统的水质因而得到保护和改善。

#### 1.1.2.4 输水泄洪功能

河流生态系统的输水泄洪功能主要体现在防治洪水、内涝、干旱等灾害方面。河流生态系统是液态水在陆地表面流动的主要通道，流域面上的降水汇集于河道，形成径流并输送入海或内陆湖，同时实现水资源在不同区域间的调配，河道本身即具有纳洪、泄洪、排涝、输水等功能。在汛期，河道中的径流量急剧增加形成洪水，泄洪成为河流生态系统最主要的任务。通过河流及其洪泛区的蓄滞作用，能达到减缓水流流速、削减洪峰、调节水文过程、舒缓洪水对陆地侵袭的功效。在旱季，通过调节河流生态系统的地表和地下水资源保证农业灌溉用水，缓解旱季水资源不足的压力，提高粮食安全保障能力。

#### 1.1.2.5 水能供给功能

河流生态系统因地势落差在重力作用下存储了丰富的势能。水力发电是对水流势能和动能的有效转换和利用。水能资源最显著的特点是可再生、无污染，并且使用成本低、投资回收快，众多水力发电站藉此而兴建。同时，水能的开发和利用对江河的综合治理和开发利用具有积极作用，对促进国民经济发展，改善能源消费结构，缓解由于消耗煤炭、石油资源所带来的环境污染具有重要意义，因此世界各国都把开发水能放在能源发展战略的优先地位。世界上水能分布不均，据统计，已查明可开发的水能，我国占第一位，其次为俄罗斯、巴西、美国、加拿大、扎伊尔等国。我国水能资源极为丰富，理论蕴藏量为 6.8 亿 kW，其中可开发的约有 3.8 亿 kW，主要分布在西南、中南（长江三峡、西江中上游）、西北（黄河上游）地区。截至2010年，全国水电开发利用率只有34%左右，开发水电的潜力巨大。

### 1.1.2.6 航道运输功能

河流生态系统借助水体的浮力能够起到承载作用，为物资输送提供了重要的水上通道。河流航道运输功能的发挥极大便利了不同地区之间的人口和物资流动，保障了资源供给，丰富了运输结构，促进了地区经济发展。修建闸坝、疏浚泥沙、堵塞岔流等措施改造河道条件，保证航道水深都是维护河流生态系统航道运输功能的方法。河流生态系统的航道运输主要承担大数量、长距离的运输，是在干线运输中起主力作用的运输形式；在内河及沿海，也常作为小型运输途径使用，担任补充及衔接大批量干线运输的任务。

### 1.1.2.7 物质生产功能

河流生态系统中的自养生物，如高等水生植物和藻类等，能通过光合作用将 $CO_2$、水和无机物质合成有机物质，将太阳辐射能量转化为化学能固定在有机物质中；异养生物对初级生产者的取食也是一种次级生产过程。河流生态系统借助初级和次级生产制造了丰富的水生动植物产品，包括可作为畜产养殖饲料的水草和满足人类食用需求的河鲜水产品等。淡水水产品，如各种鱼类，其营养与药用价值被人们逐步深刻地认识，使得其市场和消费群体逐步扩大，需求量逐年增加，也为滨河地区的经济发展提供了强有力的支撑。

### 1.1.2.8 景观娱乐功能

河道呈现蜿蜒曲折的自然景观，河岸带孕育着古老文化物质遗产，滨水娱乐休闲为人类提供身心感官享受等均是河流生态系统休闲娱乐功能的体现。河流生态系统的景观有狭义和广义之分：狭义的河流生态系统景观仅仅指水面、河岸绿化带以及滨河建筑物等给人们带来的视觉上的美感，主要由河道、河漫滩和河岸带三部分组成；广义的河流生态系统景观不再局限于人类的视觉美感，而是延伸到河流生态系统的天然流动机制和整个河流生态系统的健康和平衡。在这一概念下，河流生态系统景观已经被看作是一个广阔的系统，从源头开始沿程发展变化，期间伴随着在三维空间上不断的质量、动量和能量交换，从而形成丰富的河流生态系统景观。随着社会经济的持续发展和人类文明的进步，人类对于河流生态系统景观娱乐功能的要求也在逐步提高。

### 1.1.2.9 泥沙输移功能

河流生态系统具备输沙能力。径流和落差提供的水动力，切割地表岩石层，搬移坡面风化物入河，泥沙通过河水的冲刷、挟带和沉积作用，从上游转移到下游，并在河口地区形成各种规模的冲积平原并填海成陆。对一些多沙河流来说，泥沙输移功能更是一项必须满足的重要系统功能，甚至在泥沙输移功能满足的同时，河流生态系统的全部功能都得以满足（倪晋仁等，2002），而河流泥沙输移功能的衰竭将导致河道淤积的加剧和河流生态系统其他功能的丧失。鉴于中国北方的一些多沙河流，如黄河，普遍存在径流减少，甚至断流现象增多问题，维持河流生态系统泥沙输移功能的重要性显得尤为突出。

## 1.2 河流生态系统构成基本要素

### 1.2.1 环境要素的构成

河流生态系统生物体以外的基本物质组成了环境基质，也被称作环境要素。环境要素包括自然环境要素和人为环境要素。其中，自然环境要素是河流生态系统形成、发展和演化的决定性因素，可以作为主导环境因素；而人为环境因素通常起到全局影响或局部修正河流生态系统的作用。合理考虑河流生态系统的主导环境因素有助于增强河流生态系统非生物环境修复工作的持久性。流域尺度环境要素主要包括气候和地质两大要素。气候要素也称地理要素，具体细分为气压、气温和降水等因子；地质要素中的构造因子和岩石岩性是影响流域与水系发育的主要因子；与两类要素相关的还有地形、植被等。此外，环境要素还涉及人类活动干扰。

### 1.2.1.1 气候要素

气候要素包括气压、气温、湿度、风速、降水、雷暴、雾、辐射、云量等表述因子。河流生态系统的水源来自于降雨、湖泊、沼泽、地下水或冰川融水等，都是来自于大气降水。由于太阳辐射在地球表面分布的差异，以及各类下垫面对于太阳辐射吸收、反射等物理过程性质上的不同，气候按照纬度分布具备地带性特征，并且反映在河流生态系统的地域性特点上。气温和降雨因子在很大程度上决定了河流生态系统的流域形状、水系形态和疏密等特征。在中国，以400mm年降水量为界，大体分为东南流水作用区与西北风沙作用区。

### 1.2.1.2 地质要素

地质要素是地球自身能力分布与地壳运动造成的，其中，影响流域与水系的主要因子为构造与岩性因子。构造因子中成层岩层的褶皱、断裂和产状，以及块状岩体的隆起、凹陷、断裂及其产状是影响河流生态系统流域与水系的主要因子（倪晋仁和马蔼乃，1998）。岩石是河流生态系统泥沙的主要来源，岩石的可溶蚀性、可侵蚀性和可渗透性是流域与水系发育的主要影响因子。河流生态系统所在流域内的土壤发育对河势变化具有影响。如果土层越厚，质地越松软，水分下渗率越大，则地表径流与地下径流交换通量越大，并且水系变化速率越大。

### 1.2.1.3 地形要素

地形要素包括高度、坡向和坡度等影响河流生态系统水系发育的重要因子。地形因素决定了河流生态系统水流的势能和动能的大小，即决定了河流生态系统的总能量。高度越大的河流生态系统能量越大。在同一个纬度的河流生态系统，高度上的差异影响了河流生态系统的类型和分布，表现为垂直地带性的差异。坡向因子决定了太阳能分布的不均匀性，造成温度与湿度的不同。坡度影响河流生态系统沿坡面方向重力分量的大小，一般来说，坡度增大，水沙侵蚀强度也随之增强。

### 1.2.1.4 植被要素

河流生态系统所在流域的植被要素包括植被类型、植被盖度和植被季相3个重要因子。不同的植被类型，其阻截雨滴、调节地表径流和地下径流的比例、根系固土、改良土壤结构以及涵养水源的作用等有所差异。首先，植被冠层能对土壤起到荫蔽作用，减缓了雨滴对于土壤的直接冲击；其次，植被能够加大地表径流的沿程阻力，减缓汇流速度，增加地表径流的下渗量；再次，植物根系的横向和纵向衍生能够起到很好的固土防沙作用；同时，植被的落叶和残根能够增加土壤中有机质的含量，改善土壤肥力，增加土壤颗粒间的结合力，间接提高了土壤的抗侵蚀性；最后，植物根系对于水源的吸收减少了水量的流失，植物叶面的蒸腾作用能够调节空气湿度和温度，改善水文循环和局地小气候。植被盖度指植物群落总体或各个体地上部分的垂直投影面积与样方面积的比例，反映植被的茂密程度和植物进行光合作用面积的大小。河流生态系统所在流域内的植被覆盖度只有达到一定的比例，才能起到防风固沙和调节局地气候等作用。植被季相则是指植被在一年四季中表现的外观特征，不同植被类型间的季相差异较大，主要受温度和季风分布的影响。

### 1.2.1.5 人类活动干扰

随着人类活动对自然界影响程度和范围的加强，分布于全球各地的河流生态系统都在发生着整体或局部，巨大或微小的改变。因此，有必要将人类活动干扰从环境要素中分离出来，以利于分析人类活动干扰的影响范围和作用结果。由于人类活动干扰往往表现在多个方面和多个尺度的空间单元上，因而对于各尺度系统的诸环境要素都会发生不同程度的影响。现代条件下河流生态系统无不与人类有着密切的关系。人类对于河流生态系统的开发利用，如水电梯级开发、开辟修建航道和水产品捕捞等，均是对河流生态系统施加的直接干扰。但是，将人类活动干扰一并归为负向影响也是不合理的。部分人类活动干扰是针对受损河流生态系统开展的修复和重建工作。此外，修建水利工程、合理开发利用水资源，并且避免工程生态影响或将生态影响降低到可控制范围内的人类生产活动也是可以考虑和接受的。

## 1.2.2 生物群落的构成

河流生态系统是一种淡水生态系统，表现为水的持续流动，兼具丰富的陆生、水生生物资源。河流生物群落的组成主要包括浮游生物、水生植物、底栖生物、游泳类动物和水微生物等。浮游生物是指浮游动物（如轮虫）和浮游植物（如绿藻）；水生植物主要分为挺水植物（如芦苇）、浮水植物（如睡莲）和沉水植物（如金鱼藻）等；代表性的底栖生物有无脊椎动物和大型藻类；游泳类动物主要指各种鱼类；水微生物主要包括真菌、细菌、放线菌、蓝藻和原生动物。其中，水微生物中的细菌对于水生态系统物质循环作用最为显著，因此细菌是水微生物的研究重点。按照营养类型，细菌可分为自养细菌（如某些硫化菌、蓝细菌和铁细菌等）和异养菌（如厌氧反硝化菌和某些无色硫细菌等）。水微生物可以作为生产者、消费者和分解者出现，因此，在河流生态系统的各环节起到不可替代的作用。

河流水生生物群落较陆生生物群落而言结构相对简单。在栖息地环境方面，气候要素对于河流水生生物分布的地带性制约不明显，即降水因子和温度因子对于同一纬度地区的河流水生生物的外貌特征不具备决定性影响。在优势种方面，河流水生生物群落以低等植物尤其是藻类为主，有别于陆生生物群落以高等植物为主的情况。在物种组成方面，河流水生生物群落的栖居生物种类极为广泛，而高等节肢动物（如虾和蟹）和高等脊椎动物（如鱼类）丰富度居次要地位。

## 1.3 河流生态系统的研究尺度与分级

河流生态系统具有等级结构，依据自然等级理论，河流生态系统各等级组分存在以下联系：①低等级系统组分组成了高等级系统，同等级各组分重要性基本一致；②同一过程中，低等级系统组分变化速率快于较高等级系统组分；③高等级系统组分对低等级系统组分具有制约作用，决定低等级系统组分的边界条件和物理过程，低等级系统为高等级系统提供机制和功能。河流生态系统作为一种典型的等级结构，具有时间和空间尺度效应，可以认为在时间和空间层面上，存在不同的河流生态系统度量方式或分辨率（Turner et al., 2001）。

## 1.3.1 河流生态系统的研究尺度

### 1.3.1.1 时间尺度

河流生态系统的形成、发展和演化过程具有一定的时间尺度。河流生态系统研究的尺度可以是日、月、年、百年或百万年甚至更长的时间尺度。在不同的尺度上，不同的环境要素对于河流生态系统的演化作用也有差异，较短时间尺度下作为自变量的环境要素，在较长时间尺度内可能变为因变量。有学者提出将影响河流生态系统地貌过程的时间尺度分为轮回（百万年尺度）、均衡（几十年到几百年尺度）和稳定（月、年或数十年尺度），并描述在这3种尺度下的各类环境要素的相互作用关系（表1-1），这些环境要素包括初始地形、地质条件、古气候、古水文、系统相对起伏度、河谷尺度、气候条件、植被、水文、河床形态、水沙过程和断面水力要素等。其中，极长时间跨度的研究主要针对初始地形、地质条件、古气候和古水文；长时间尺度多以系统相对起伏度、河谷尺度、气候条件、植被、水文条件作为研究目标；而中短时间尺度考虑的环境要素更加繁杂，其中，河流生态系统生境的水面面积、水质、底质、河岸带透水性、水系连通性、水生生物群落的组成和结构都在研究范围之内。

表1-1 不同时间尺度内河流生态系统诸环境要素的作用

| 环境要素 | 轮回 | 均衡 | 稳定 |
| --- | --- | --- | --- |
| 初始地形 | 自变量 | 无关 | 无关 |
| 地质条件 | 自变量 | 自变量 | 自变量 |
| 古气候 | 自变量 | 自变量 | 自变量 |
| 古水文 | 自变量 | 自变量 | 自变量 |
| 系统相对起伏度 | 因变量 | 自变量 | 自变量 |
| 河谷尺度 | 因变量 | 自变量 | 自变量 |
| 气候条件 | — | 自变量 | 自变量 |

续表

| 环境要素 | 轮回 | 均衡 | 稳定 |
|---|---|---|---|
| 植被 | — | 自变量 | 自变量 |
| 水文 | — | 自变量 | 自变量 |
| 河床形态 | — | 因变量 | 自变量 |
| 水沙过程 | — | — | 因变量 |
| 断面水力要素 | — | — | 因变量 |

注："—"为无可信实测资料支持的不确定变量

资料来源：倪晋仁和马蔼乃，1998

在河流生态系统修复研究中，时间尺度的效应研究十分关键，但是存在观测和实验分析难度而往往被忽略。通常河流生态系统环境要素形成和达到稳定所需要的时间越长，则对其施加影响产生的效果越不显著，两者呈现明显的负相关性。Petersen（1999）提出过基于地貌、水力与生态原则需要较长时间尺度实施的河流生态系统自然修复思想。目前，对来自河流生态系统外界的干扰（包括生态修复工作）研究多针对特定时间尺度内变化显著的要素，主要集中在中短时间尺度上；而对于极长时间尺度内研究的环境要素，一般作为外界稳定不变的变量来研究。

### 1.3.1.2 空间尺度

河流生态系统是多层次体系，体现为不同空间尺度生态系统或生态单元间的相互联系，即河流生态系统规模、组成、能量和物质配置以及物种的分布具有空间性。河流生态系统研究的基本空间尺度主要包括流域尺度、河段尺度及特征河段（图1-1）。河流生态系统的空间尺度决定着各环境要素的作用范围和影响程度。

**（1）流域尺度（catchment scale）**

流域是陆地生态系统与河流生态系统以水为媒介相互联系形成的统一整体，其整合了各类自然资源与社会经济资源，具有自然-社会二元属性（王浩等，2002）。人类的涉水活动多以流域为空间背景开展，通过流域土地和水资源的开发利用解决各类河流生态系统问题。其中，通过流域土地开发利用，改

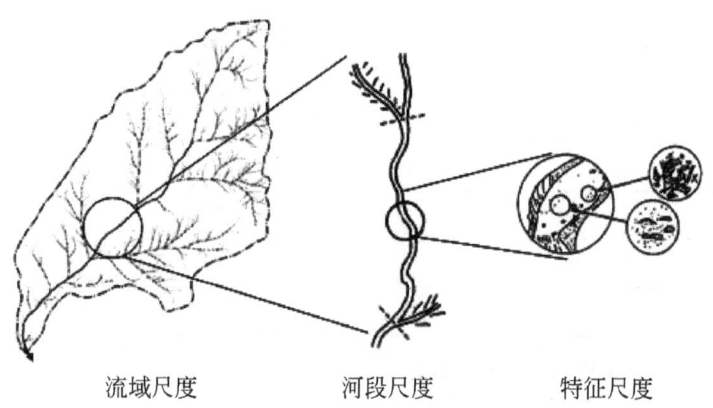

　　　　　　流域尺度　　　　　河段尺度　　　　特征尺度

图 1-1　河流生态系统环境要素的空间尺度效应

变了降水汇流的下垫面条件，或重新塑造河流生态系统的河道形态，从而影响河流生态系统的水文条件和河势；水资源的开发利用将直接导致入河径流量的改变，不仅体现在水量，也对水质产生不可忽视的影响。可以看出，流域尺度上的人类活动对于河流生态系统的扰动是全局性和整体性的（孙亚东和赵进勇，2005）。因此，合理规划流域土地利用结构和水资源配置模式，减少社会经济活动对于河流生态系统土地和水的侵占以及维护河流生态系统稳定可持续意义重大。

**(2) 河段尺度（reach scale）**

河段尺度包括河流水体及其两岸水陆交错植被带，是流域内各种人类活动干扰的承载体，从结构上也分为纵向、横向和垂向 3 个维度。河流形态、河漫滩形式、岸边植被带、水文条件等河流生态系统的环境要素多局限于河段尺度研究。纵向上，着重研究河流生态系统的连通性和蜿蜒性，自然状态下的水体流态、流速、水质等环境要素不断变化，交替出现深潭和浅滩，生境类型丰富多样；横向上，河道水体是河流生态系统的主体部分，周边地带包括河漫滩、湿地和湖泊等，河段横向上需要保持断面形态的多样性，维持沿岸带拦截过滤物质以及水文连通等生态功能；垂向上，河流生态系统分为表层、中层、底层和基层，由于地表水与地下水具有物理、化学成分的交换和循环，因此，垂向上既要保持地表水与地下水的正常连通，还要维持下层土壤中的有机体与水流的相互联系。

**(3) 特征河段 (Typical reach) patch scale**

特征河段是指近端环境要素（如水温、流量、流速、含沙量、水质）相对均一的空间单位。依据生态学基本假设，在天然或近天然条件下，具有相同或相似环境要素的河段分布有相似的生物物种。因此，针对河流水生生物群落的研究主要在特征河段尺度上进行。

## 1.3.2 河流生态系统分级

河流生态系统的级别主要是指水系各河道的不同等级。通过河流生态系统的分级能够确定不同河流的重要性等级，为流域层次化管理提供科学支撑。对于河流生态系统等级的研究，主要集中在主支流汇合关系、主支流长度比、有无环路、等级数、分汊系数和河网密度等方面。其中，水系平面形态为河流生态系统等级划分提供最为直接的参考依据。常见的水系平面形态包括树枝状、葡萄串状、辐射状、羽毛状、紊乱状、亚平行状、平行状、环状、直角注入状、歪扭状、亚树枝状、交织状等（图1-2）。

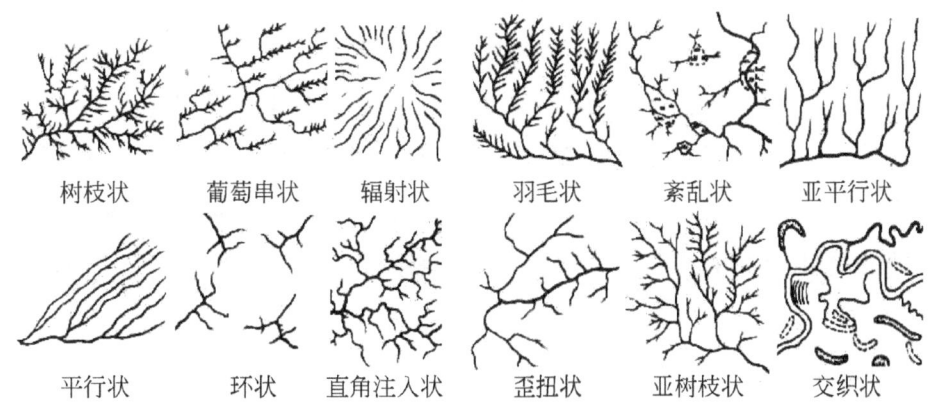

图1-2 水系平面形状示意图

河流生态系统的水系级别划分和序列命名较早时期就被地貌学界普遍关注，学者们通过制定水系分级规则，对水系每一条河流进行次序的划分，并且编以序号加以区分。比较有代表性的水系分级方法包括格雷夫利厄斯（Gravelius）分级法、霍顿（Horton）分级法、斯特拉勒（Strahler）分级法、施里夫（Shreve）分级法和沙伊达格（Scheidagger）分级法等。其中，霍顿分级法采纳程度最高且应用范围较为广泛。这种方法是霍顿于1945年提出的，具体规则为：将水系中最大的主流作为一级河流，汇入主流的支流作为二级河流，汇入支流的小支流作为三级河流，以此类推就将河流生态系统的全部干支流命名完毕。

## 1.4 河流生态系统模型

河流生态系统模型可以粗略地划分为概念模型和数学模型两类。概念模型能够抽象地描述河流生态系统的功能和结构特征，揭示各个组分对象用什么样的属性有机联系在一起，是构建数学模型的理论依据。河流生态概念模型中有大家较为熟知的河流连续统模型和过程等级模型等。河流生态系统的数学模型是对生态机理和生态过程的数学解释，主要用来模拟或预测生态系统中各变量的动力学变化，以及物种组成、物种性质的时间和空间变化。参照植物生态模型分类方式，河流生态系统的数学模型也可以归为3类：①种群动态模型，主要模拟河流生态系统中单个水生物种个体出生、成长和死亡全过程，以及其种内竞争和种间相互作用，是研究开发最早的一类生态模型，主要应用于分析水生生物种群之间的相互作用；②演替模型，主要模拟水生生物在整个生态系统发展过程的变化，包括水生生物类型的转变以及相关的生物地球化学循环过程变化，应用于生物群落对气候变化的响应；③生态系统模型，是将生态系统作为一个功能整体建立的模型。下面介绍三种较具代表性的河流生态系统模型。

### 1.4.1 河流连续统模型

河流连续统（river continuum concept，RCC）模型是以水生昆虫为研究对象，针对河流生物群落结构与上下游的递变关系提出的概念性模型。RCC模型理论不仅强调地理空间上的连续，也指生态过程和化学成分的上下游联系，它认为河流生态系统由源头集水区的第一级河流起，至以下各级河流，形成连续的、流动的、统一的系统，在整个流域中呈狭长网络状景观，主要属于异养型系统，其能量、有机物质来源于相邻陆地生态系统产生的枯枝落叶及地表水、地下水输送的各种养分。研究者依据植物碎屑进入河流的变化，在上游为粗有机质颗粒（coarse particular organic material，CPOM），至下游降解为细小（fine particulate organic matter，FPOM）或超微颗粒（ultrafine particulate organic matter，UPOM），判定群落中的优势类群，因利用碎屑颗粒自上而下依次分为利用 CPOM 的撕食者，利用着生生物的刮食者和利用 FPOM-UPOM 的收集者，收集者又分为利用悬浮颗粒的过滤收集者和利用沉积颗粒的直接收集者。

首先，RCC 模型指出河流纵向上营养物质以及生物群落的时空分布连续变化，即从河流源头起，河流生态系统的宽度、深度、流速、流量、水温等物理量具有连续变化的特征，由于水生生物适应于河流物理环境，其结构和功能也会随之发生调整，体现为上游生态系统的过程直接影响下游生态系统的结构和过程。其次，RCC 模型理论也蕴含了河流化学过程连续变化的内涵，大型树枝状结构河流的化学条件不仅由其干流水体所含的化学组分决定，也受到其接纳支流水体化学成分的影响。

## 1.4.2 过程等级模型

过程等级（generic process hierarchy，GPH）模型是基于景观结构的等级和过程，以自然等级理论为基础，借鉴了景观生态学的思想，在河流生态系统多个时空尺度上开展的研究。在较大尺度上，GPH 模型分析流域土地利用转化以及影响物质和能量输移的大过程；在中等尺度上，研究河流水体流动方式及物理量的变化过程；而在较小尺度上，分析河道内的物质存储和搬运过程。与之类似的概念模型较多，如 Frissel 等于 1986 年提出的流域概念框架，将河流生态系统分为河床、池塘、浅滩以及小型栖息地不同的空间区域，强调了河流与整个流域时空尺度间的关系；Petts（1994）发展了这一概念，将河流描述成一个三维的、被水文条件和河流地貌条件所驱动、由食物网形成特定结构的、以螺旋线过程为特征、基于水流变化、泥沙运动、河床演变的系统。这些关于河流生态系统过程等级的概念模型探讨，有利于预测河流生态过程的时空发展格局，以及分析干扰-修复过程的出现范围和时间。

## 1.4.3 自然水流模型

自然水流模型（nature flow paradigm，NFP）提出天然水流机制对于保持河流生态系统完整性具有十分重要的作用。NFP 模型采用水量、频率、持续时间、时间节点和变化速率 5 个水文因子来描述水流机制。水流机制可以对河流生态系统的营养物质以及泥沙的输移产生重要影响，造就河床-滩地系统的地貌特征和异质性，进而改变水生生物的栖息环境。天然河流水流机制受到降雨、地表水、地下水及土壤水的影响，而人类活动的介入也成为影响水流机制的重要因素。通过 NFP 模型定义河流生态系统的自然水流条件，将其作为一种参照系统，能为分析人类活动从哪些因素改变河流栖息地水文条件提供途径。

# 第 2 章　河流生态系统综合分类的科学基础

## 2.1　河流生态系统的水文过程

### 2.1.1　河流水系

河流的干流、支流以及流域内的湖泊、沼泽彼此连接，形成一个庞大的水系网络。其中，河流水体流动将物质和能量在不同的区域间传递，其流动性优于湖泊和沼泽。

#### 2.1.1.1　河流

地表水在线性洼地间常年或季节性的流动，形成天然水道，称为河流。河流一般都具有河源、上游、中游、下游和河口 5 个部分。河源是河流的发源地，可以是冰川、湖泊、沼泽或泉眼等；上游直接连接河源，一般地势落差较大，水流湍急，地表下切和侵蚀作用强烈；中游段直接连接于上游段，河道比降放缓，下切作用减弱，侧蚀增强，河道呈现蜿蜒形态；下游段比降较缓，淤积作用显著，浅滩和沙洲遍布；河口是河流的末端，河流注入河、湖或海洋等地方。流入海洋的河流称为外流河，如世界著名的亚马孙河、尼罗河、长江、密西西比河等。注入内陆湖泊或沼泽，或因渗漏、蒸发而消失于荒漠中的称为内陆河，如我国新疆的塔里木河。

#### 2.1.1.2　湖泊沼泽

湖泊是陆地表面洼地积水形成的比较宽广的水域。地壳构造运动、冰川作用、河流冲淤等地质作用形成的洼地以及拦河筑坝形成的水库都属于湖泊。大部分湖泊与河流连通，但湖泊的水体流动和交换较河流缓慢，又因其与大洋不发生直接联系而有别于海洋。通常湖泊的水深较大，水体存在分层现象，表层和底层的生态系统构成存在较大差异。表层与大气相连，水体含氧量较高，存在较多自养型生物。

沼泽也是地表常年或季节性积水的区域。不同于湖泊的情况是，沼泽水深较浅，土壤水分几乎达到饱和，泥炭大量存在。沼泽土壤缺氧十分严重，多数有机体为适应厌氧环境的生物。许多沼泽植物底部根系不发达，常年出露于地面，有发达的通气组织，有不定根和特殊的繁殖能力，以适应缺氧环境。植被主要由莎草科、禾本科、藓类和少数木本植物组成。

湖泊与沼泽均生长有喜湿性和喜水性植物，也是天然植物、珍贵鸟类、鱼类生长、栖息、繁殖和育肥的良好场所。湖泊与沼泽都具有调节气候、净化环境、涵养水源、维持生物多样性等功能。

## 2.1.2 河流水循环

河流是地球上淡水的主要载体，据联合国教科文组织（UNESCO）1978年公布的数据（表2-1），河流水总体积约为$2.12\times10^3\text{km}^3$。虽然河流水体总量不足地球总水量的百万分之二，但是河流中的水分是地球上最为活跃以及更新最为迅速的水体之一。河流生态系统中的水分在太阳辐射和地球引力的作用下，不停地进行着海—陆—空之间的往复循环。

表2-1 地球上的水量分配

| 分布 | 体积/$10^3\text{km}^3$ | 占地球总水量的比例/% |
| --- | --- | --- |
| 海洋 | 1 338 028.95 | 96.53 |
| 冰盖和冰川 | 24 116.12 | 1.74 |
| 地下水 | 23 423.13 | 1.69 |
| 永久冻土底冰 | 304.92 | 0.022 |
| 湖泊水 | 180.18 | 0.013 |

续表

| 分布 | 体积/$10^3 km^3$ | 占地球总水量的比例/% |
|---|---|---|
| 土壤水 | 16.86 | 0.001 |
| 大气水 | 12.47 | 0.000 9 |
| 沼泽水/湿地水 | 11.09 | 0.000 8 |
| 河流水 | 2.12 | 0.000 15 |
| 生物水 | 1.11 | 0.000 08 |
| 总计 | 1 386 096.95 | 100 |

河流生态系统的水分主要来源于降雨和冰川融雪，一部分水分通过蒸发返回大气，其余部分形成地表或地下径流。自然界中，河流生态系统的海陆大循环和内陆小循环是交织在一起的，并在全球各个地区持续进行着。

河流生态系统的水循环作用意义主要体现在：①影响局地气候。河流水循环中的基本环节，包括蒸发、径流等，能够通过其数量、运动方式、途径等特征影响周边气候状况。②塑造地貌形态。河流生态系统的水流作用力通过对泥沙的侵蚀和搬运，可以直接改变途经的地表形态，造就各类流水地貌，水流满溢扩展河道宽度，而水流的停滞则会形成湖泊、沼泽。③提供淡水资源。水是地球上一切生命体维持生命活动的基本要素，淡水对于人类等高等动物更是具有不可替代的作用，河流生态系统为人类生产生活提供了淡水资源，自古以来，人们依水而居就是为了便于从河流中取水利用。④维持生物多样性。河流水循环过程中形成多种地貌形态，为各类生物提供了丰富的栖息环境，尤其是适应于流水环境的生物能够较好的生存和繁衍，极大地维持了物种的多样性。

河流水循环是多环节的自然过程，涉及降雨、蒸发、水分下渗、地表水和地下水循环以及多种形式的水量静态储蓄。降水、蒸发、下渗和径流是河流水循环过程最主要的环节，这些环节往往是交错并存的。

### 2.1.2.1 降水

大气降水是河流生态系统水分的主要来源。降水的主要形式为降雨和降雪，此外还有露、霜、雹等降水形式。其中，降水的形式又分为水平降水和垂直降水。水平降水是指水汽直接在地面或地物表面及低空的凝结物，如霜、露、雾和雾凇;垂直降水是指水汽凝结物由空中降落至地面,如雨、雪、霰雹和雨凇等。由此可见,垂直降水是河流水循环补给的主要方式。通常使用降雨量(深)、降雨历时、降雨强度和降雨面积描述一场降雨的特性(芮孝芳,2004)。

1)降雨量(深)。时段内降落到地面上一点或一定面积上的降雨总量称为降雨量。前者称为点降雨量,后者称为面降雨量。点降雨量以 mm 计,而面降雨量以 mm 或 m³计。当以 mm 作为降雨量单位时,又称为降雨深。依据不同降雨深划分不同的雨量级别,一天之内<10mm 的降水为小雨,10~25mm 的为中雨,25~50mm 的为大雨,>50mm 的为暴雨,>75mm 的为大暴雨,>200mm 的为特大暴雨。

2)降雨历时。一次降雨过程中从一时刻到另一时刻经历的连续降雨时间称为降雨历时,一般以 mim、h 或 d 计。

3)降雨强度。单位时间的降雨量称为降雨强度,一般以 mm/min 或 mm/h 计。降雨强度一般有时段平均降雨强度和瞬时降雨强度之分。

时段平均降雨强度定义为

$$\bar{I} = \frac{\Delta p}{\Delta t} \tag{2-1}$$

式中,$\bar{I}$ 为时段内的平均降雨强度(mm/s);$\Delta t$ 为时段长度(s);$\Delta p$ 为时段 $\Delta t$ 内的降雨量(mm)。

4)降雨面积。降雨笼罩范围的水平投影面积称为降雨面积,一般以 km² 计。

## 2.1.2.2 蒸发

蒸发是指水分从液态转为气态从河流水体表面逸出的过程,包括水分的汽化和水汽的扩散。水分汽化是水分子动能大于分子间引力,从水体脱离进入大气的过程,主要受气温影响,水温越高,水分子运动越快,动能越大。水汽扩散是指水汽分子的迁移,受到压差、温差和风速的影响,又分为分子扩散、对流扩散和紊动扩散3种形式。

蒸发量是指从水面逸出的水分子数量与返回水体的水分子数量之差,通常用蒸发掉的水层厚度的毫米数表示。影响水面蒸发的因素分为外在和内在双重因素。外在因素主要指河流所在区域的气象因素，包括太阳辐射、气温、湿度、气压以及风速等；内在因素指河流自身的水面形态、水深以及水质等因素。①太阳辐射。太阳辐射是从外界向水分子输入能量，使部分水分子动能增加，克服了分子间引力而脱离水面。太阳辐射强度增大，具有足够大动能的分子数量增多，蒸发量也随之增加。②气温。气温升高，河流水体温度增加，水分子运动速度加快，散逸到空气中的概率也增大。因此，蒸发量是随着气温升高而增大的。③湿度。河流水体上方的空气湿度对蒸发量有影响。通常，在同样温度下，空气湿度大的河流水体蒸发量小于空气湿度小的情况。④气压。气压增高会压制水分子逸出水面，气压增高，蒸发量随之减小。⑤风速。风的流动能够携带水面上空的水汽，有利于增加水面分子的逸出，增加水面蒸发量，但是当风速达到某一临界值时，水面蒸发量将不再增加。⑥水面形态。水面面积大，其上空的水汽量大，不易被风吹走，不利于蒸发。水面形状与风向联系，决定了水面蒸发量，通常吹程越大，蒸发量越小。⑦水深。河流水深主要与水温变化相关联。水体深度小则温度分层不显著，上下部分的水体温度接近，并且与气温基本保持一致；水体深度大则蕴藏的热量更大，对于气温的调节作用更显著。⑧水质。一般而言，水体溶解的化学物质会降低水体蒸发量，如浑浊度通过影响水体热量吸收而间接影响蒸发量。

### 2.1.2.3 下渗

水在分子力、毛细管引力和重力作用下渗入土壤的物理过程称为下渗。河流生态系统的下渗直接影响地表和地下径流的形成和大小。下渗大致划分为3个阶段：①渗润阶段。水主要受分子力的作用，吸附在土壤颗粒之上，形成薄膜水。②渗漏阶段。下渗的水分在毛细管引力和重力作用下，在土壤颗粒间移动，逐步充填粒间空隙，直到土壤孔隙充满水分。③渗透阶段。土壤孔隙充满水，达到饱和时，水便在重力作用下运动，称为饱和水流运动。影响下渗的因素有土壤的物理特性、降雨特性、流域地貌、植被和人类活动等。

下渗量由下渗率和下渗能力来定量表述。下渗率指单位面积、单位时间渗入土壤的水量，也称为下渗强度。下渗能力指在充分供水和一定土壤类型、一定土壤湿度条件下的最大下渗率。下渗实验表明下渗率随时间的增加呈递减规律。开始时下渗率很大，以后随着土壤吸水量的增加而迅速减少，最后趋于一个稳定值，称为稳定下渗率（$f_c$）。不少学者根据实验和理论研究提出许多计算下渗率的经验公式和理论公式，较为常用的公式为霍顿公式。

$$f_t = (f_0 - f_c)e^{-\beta t} + f_c \tag{2-2}$$

式中，$f_t$ 为 $t$ 时刻的下渗率（mm/min）；$f_0$ 为 $t=0$ 时的初始下渗率（mm/min）；$f_c$ 为稳定下渗率（mm/min）；$\beta$ 为递减指数；$e$ 为自然对数底。式中的参数 $\beta$、$f_0$ 及 $f_c$ 可以根据实验资料确定。

### 2.1.2.4 径流

河流生态系统中沿着河道流动的水体称为径流。其中沿着地表流动的水流称为地表径流；在地表以下沿着岩土空隙流动的水流称为地下径流。根据埋深的不同，地下径流又分为浅层地下径流和深层地下径流。地表径流的补给来源为大气降水、冰川融雪等途径；浅层地下径流主要由大气降水和地表水渗入；深层地下径流由隔水层之间含水层中的承压水所形成。地表径流和地下径流之间存在互济情况。

降水产生径流过程分为蓄满产流和超渗产流两种方式。蓄满产流是降雨落到地面，经过植物截留、下渗、填洼以及蒸发过程后，进入土壤包气带和饱水带基本饱和而产生径流的方式；超渗产流则是径流产生与植物截留、填洼、蒸发以及下渗同时期发生的产流方式，是一种降雨强度大于下渗能力的情形。雨水通过蓄渗阶段，一部分从地面汇入河网，另一部分通过表层土壤流入河网，还有一部分从地下进入河网，然后在河网中从上游向下游、从支流向干流汇集到流域出口断面，经历一个流域汇流阶段。

影响河流生态系统径流的主要因素包括气候因素、地理因素和人类活动因素等。① 气候因素。降雨和蒸发是影响径流的直接因素。一般而言，降雨量增大，径流量也增大；蒸发量增大，径流量变小。但是，分布均匀的降雨产生的径流量相对较小。暴雨期间或湿润地区产生的蒸发对于河流生态系统径流量的影响相对较弱。② 地理因素。流域的地理因素包括河流生态系统所在流域的地形、形状、河道特征、土壤以及覆被等。流域地形影响汇流速度和停滞过程；

流域的形状影响汇流过程；河道特性影响水流输送和调蓄能力；土壤及覆被影响雨水下渗和植物截留过程。③ 人类活动因素。人类活动对于河流生态系统径流量的影响分为直接和间接影响，从而产生各种水文效应。直接影响主要指各类取水活动，包括提水灌溉、地下水开采、水库调蓄存储等；间接影响包括流域土地利用方式的转变、河道形态和透水性改变等。

## 2.2 河流生态系统的地质地貌过程

### 2.2.1 水生态系统演化的地质年代

地质年代是人们为记录地球演化而确定的事件记录年代表。为了刻画地质演化的阶段性，并综合考虑生物演化、地层形成顺序、构造运动以及古地理特征等因素，地质年代被划分为四大阶段，每个大阶段称为宙，即冥古宙、太古宙、元古宙和显生宙，宙以下为代。太古宙分为古太古代和新太古代；元古宙分为古元古代、中元古代和新元古代；显生宙分为古生代、中生代和新生代。代以下划分纪，如中生代分为三叠纪、侏罗纪、白垩纪。纪以下分为世，每个纪一般分为早、中、晚三个世，但震旦纪、石炭纪、二叠纪、白垩纪按早晚二分。最小的地质年代单位是期。

太古代是地球演化史中具有明确地质记录的最初阶段。地球的水圈和生命的形成都发生在这一重要而又漫长的时期。大约至35亿年前海水开始形成，并出现了最早的、与生物活动相关的叠层石；至31亿年前，地球上开始出现比较原始的藻类和细菌，到29亿年前，地球上出现了大量蓝绿藻形成的叠层石。太古代是水生态系统形成的起始点。

元古代是紧接在太古代之后的一个地质年代。一般指距今24亿年前到5.7亿年前这一段地质时期。由蓝藻等形成的叠层石非常丰富，藻类和菌类开始繁盛，生物主要是叠层石以及其中分离得到的生物成因有机碳和球状、丝状蓝藻化石。蓝藻和细菌继续发展，到距今13亿年前，已有最低等的真核生物——绿藻出现。在元古代晚期，冰川开始广泛出现，地球出现分带性气候环境，为生物多样性提供自然条件。

　　古生代属于显生宙，包括寒武纪、奥陶纪、志留纪、泥盆纪、石炭纪、二叠纪。在奥陶纪、志留纪、泥盆纪、石炭纪，相继出现低等鱼类和古两栖类。寒武纪属于显生宙古生代的第一个纪，当时出现了丰富多样且比较高级的海生无脊椎动物，标志着地球生物演化史新的一幕。奥陶纪是古生代的第二个纪，当时气候温和，浅海广布，海生生物空前发展，低等海生植物继续发展。志留纪是早古生代的最后一个纪，在海中出现了有颌骨的鱼类，海中有成群的珊瑚聚集生活。泥盆纪时期也就是古生代中叶的这段时间，两栖动物开始出现，脊椎动物中鱼类（包括甲胄鱼、盾皮鱼、总鳍鱼等）空前发展，故泥盆纪又有"鱼类时代"之称。石炭纪是古生代的第五个纪，气候分带导致了动、植物地理分区的形成。二叠纪是古生代最后一个纪，是造山作用和火山活动广泛分布的时期，两栖类繁盛。

　　中生代包括三叠纪、侏罗纪和白垩纪三个地质年代。这个时期，随着陆地面积的扩大，形成河湖遍布的有利条件，淡水无脊椎动物开始大量出现，双壳类、腹足类、叶肢介、介形虫等大量发展。由此可以将中生代作为河流生态系统形成发育的开始时期。

　　新生代是地球历史上最新的一个地质时代，被分为古近纪、新近纪和第四纪。古近纪旧称早第三纪，是地质年代中新生代的第一个纪，淡水介形类等大量繁育。新近纪是指新生代的第二个纪，旧称新第三纪，新近纪生物界的总面貌与现代更为接近。第四纪是新生代最后一个纪。第四纪的陆生无脊椎动物仍以双壳类、腹足类、介形类为主，其他脊椎动物中真骨鱼类继续繁盛，两栖类变化不大。

## 2.2.2　流水作用与地貌形态

　　地表径流对于泥沙的侵蚀、搬运和堆积塑造了丰富多样的地貌类型。例如，流水流经黄土高原地区，强烈的水流侵蚀作用塑造了为数众多、大小不一的沟壑；流水作用于石灰岩、白云岩等碳酸盐类岩石存在的区域，水流的溶蚀作用形成独特的喀斯特地貌。水流的侵蚀作用在高原地区塑造了峡谷，在平原地区形成沟道，而河流泥沙沉积则在平原地区形成了巨大的冲积平原。河流是地貌塑造的有力工具，流经之处在地表留下了显著的痕迹，其塑造的地貌可以统称为流水地貌。一方面，在河流形成历史中，河谷和河床地形主要是流水自身活动的结果，而不是地质变迁的直接产物。但河流的发育、发展过程中无疑受到多次地壳构造运动和多种外营力作用影响，同时，河流也在适应过程中造就了新的地貌形态。另一方面，河流的发育也受制于流经地区的地表组成，即地貌类型。地形和岩石的性质是影响河道发育的主要限制因素。在地形险峻不透水岩石分布的区域，河流的侧向发展受到了极大的限制，流水塑造出较为窄细的河谷地貌，河床下切较深，但河漫滩分布较少；在地形平缓的平原区域，河床高度发育，雨量充沛情况下多形成交错密布的水网。地表覆被也对河床的塑造起到一定的作用，植被能够减弱水流对于谷坡的冲刷，减少来自河间地的固体物质，营造了良好的下切条件；基岸、河漫滩和滨河床浅滩上的植被往往阻碍侧蚀作用，这也促进了河流的下切作用。

## 2.2.3　流水地貌与河床

苏联学者康德拉契夫将流水形成的河床地貌分为3种形态，分别为河床过程类型决定的大形态、中形态（河漫滩）以及小形态（河床表面微形态）。河漫滩、浅滩以及河床微形态都是在河床水流的作用范围内，对于水生生物均具有直接的影响，因此，分析它们的形成过程对于河流生态系统研究具有科学价值。

河漫滩是河床两侧枯水位出露，高水被淹没于水面之下的地带。一般而言，地势平坦地区，如平原或半山地河流河谷底部，河漫滩发育良好，面积往往比河床大几十倍。大洪水时期的水流活动和风力作用是塑造河漫滩本体情况的两个最主要因素。河漫滩与河床之间存在频繁的物质交换，不仅是水流中泥沙和营养物质的沉积区域，也是河床内物质的补给来源。河漫滩上通常发育有大量的喜湿性植物，能够起到拦截陆面污染物以及泥沙的作用，泥沙加速沉积进一步促进了河漫滩区域的发展。

平原河流河槽中通常分布有规模大小不一的浅滩，与深槽段交替成群出现。浅滩可能是回水造成的冲积层堆积体,也可能是由于河床基地凸起形成的。浅滩形成的泥沙动力学成因是由于水流输送悬移质泥沙的动能不足,造成的泥沙局部堆积。可以看出,水文条件能够塑造不同的地貌类型,同时地貌类型也对水流及泥沙条件产生影响,浅滩可以认为是水文、地貌相互作用的产物。浅滩的出现极大地丰富了河槽的内部形态,与深槽段形成天然的跌水,实现了水体的复氧。此外,浅滩段也经常成为鱼类觅食和产卵的场所。

河流微地貌主要指河流局部河段形态及底质组成,与河流动态及自然地理特点相关。局部河段形态对应不同的水流条件,表现为差异性的流速、流向、水深与沉积环境。例如,河流弯曲段是水流的回水区域,凸岸为泥沙和营养物质沉积区域,而凹岸则是水流侵蚀区域。大型平原河流河床底质主要为冲刷干净的沙子,黏土质和粉砂质含量较小;较小的河流底质往往像牛轭湖冲积物。底质泥沙的不同级配组成对于营底栖生活的水生生物意义重大。

## 2.3 河流水环境与水生态

### 2.3.1 河流水环境

河流水环境是指水体形成的空间环境,包括地表水环境和地下水环境。河流水环境是人类社会赖以生存和发展的重要场所,也是受人类干扰和破坏最严重的领域。人们通常针对河流水环境中的化学物质存在、迁移以及转化展开分析和评价。

天然水体的化学元素有 74 种,成分可以归为 5 类:① 溶解气体,如 $O_2$、$N_2$、$CH_4$ 及一些微量气体;② 主要离子,$CO_3^{2-}$、$HCO_3^-$、$SO_4^{2-}$、$CL^-$、$Ca^{2+}$、$Mg^{2+}$、$Na^+$、$K^+$;③ 生物原生质或营养元素,主要是 N、P、S、Fe、Si 等元素;④ 微量元素,它们在天然水中含量极低,一般为 $0.001 \sim 0.1 \text{mg/L}$,最低可达到 $1.0 \times 10^{-10} \text{mg/L}$;⑤ 有机质,多半是由 C、H、O、N、P、S 等元素组成,常以有机聚集体形式存在于水中。

溶解气体主要来自大气,部分来自于河流内部的化学过程。$O_2$、$H_2$、$N_2$、

$CO_2$、$CH_4$、$NH_3$、$H_2S$，以及惰性气体都能溶于天然水中，但是主要气体成分是 $O_2$ 和 $CO_2$。溶解氧是水环境中绝大多数生物生存的必要条件，主要通过大气复氧以及光合作用增氧，而依靠水生生物的呼吸以及死亡有机体的分解等过程耗氧，天然水体的 $O_2$ 含量能达到 14mg/L。$CO_2$ 是水生植物光合作用必需的重要物质，主要来源于有机物质氧化，植物光合作用中 $CO_2$ 与 $CaCO_3$ 类物质生成溶解式碳酸盐，过饱和时 $CO_2$ 将逸出。

天然水中的离子由矿化作用产生，主要来自岩石和土壤。它们的组成和含量随河流流经地区的地理特性不同而有明显差异，是决定河流水环境差异的主要因素，也是天然水化学分类的基础。沉积岩中所含的 $NaCl$、$KCl$、$CaCO_3$、$CaSO_4$、$MgSO_4$，以及火成岩风化产物形成的 $CaCO_3$、$MgCO_3$、$NaHCO_3$ 及 $KHCO_3$ 等盐类是水环境中八大离子的主要来源。

营养元素以及微量元素为河流水生生物的生命活动提供支撑。N、P 等元素是水生植物生长繁育过程中所需的重要物质，河流水体营养程度主要由这两种元素决定。N、P 含量低的水体，通常称为贫营养河流，水体中有机生命体含量较少；而 N、P 含量过高的水体，往往发生水体富营养化，是水质污染的一种类型。微量元素虽然含量极低，但对于河流生态系统的作用不可忽视，其缺乏、过剩同样与河流生命体的健康休戚相关。

有机物质主要来自外部环境输入、动植物活体、动植物代谢的产物或残体的分解。水流挟带进入河流水体的有机质主要来自陆地土壤中腐殖质的冲刷。水生动植物的新陈代谢过程也是河流有机质产生的重要途径，它们多以沉积物形式存在于河流底质中，也有部分溶解于水体。由于矿物质和重金属通常富集于有机质中，因此，有机质也可以起到净化河流水体环境的作用。

河流的水化学特征不仅是其性状与功能的表征，也是影响水生生物种类组成、数量及生物量的重要因素。河流流经地区气候及地质地貌条件的不同决定了其水化学特征的差异。例如，温度和海拔在很大程度上影响河流的溶解氧浓度，而河流的 pH 变化主要与地质和水热条件相关。长江河源区由于水热条件引起 $HCO_3^-$ 的变化，pH 变化范围较大，一般为 7.3~9.5；鄱阳湖水系因花岗岩分布广泛及降水量较大，水体 pH 普遍较低。

## 2.3.2 河流水生态

河流水生态系统为水生生物生长繁衍提供了重要栖息环境。河流水生态系统一个最显著的特征是以水作为生物栖息环境，水体的生物成分具有独特的结构和组成。

河流水体的理化环境与陆地区别显著。首先，河流水体中溶解态的有机和无机物质能够被生物直接利用，这就为浮游生物的繁衍提供了有利条件。其次，水的比热容较大，对外界温度的变化起到缓冲作用，河流水温较陆地更加稳定，有利于水生生物的生长，但是削弱了生物的地带性。最后，水体对于太阳辐射的反射、吸收，导致深水区域光照强度明显低于陆地，光照条件限制了绿色植物的分布。

河流水体上游区域可分为急流区和滞水区，下游统称为河道区。上游急流区流速较大，底质多为石底，这个区域的水生生物能够适应水流的冲刷，河流底质使适应在石头周边生存的物种大量聚集，滤食型种类较为普遍，浅水物种较为多见，但是浮游生物缺乏。滞水区水流较为平缓，底质一般较为疏松，主要分布适应缓慢水流和稳定水位的静水物种，真正的急流性物种扮演次要的角色，并且被限制在了浅水急流区域，鱼类也常在这一带出现，或活动于急流区与滞水区接界处，一些栖息于永久水体的物种被发现适应了间歇性的水流，从而栖息于周期性干涸的河漫滩区域。河道区通常流速较缓，在生产者方面，浮游植物和大型水生植物都有分布，在消费者方面，河流种与静水种都可能出现。

陆地生态系统中的生产者主要为绿色植物，而河流水生态系统中的生产者主要为各种浮游藻类，相对于陆地生态系统，河流水生态系统生产者的生产效率远高于陆地生态系统。河流水体中的初级消费者是浮游动物，其结构组成和分布通常随浮游植物而改变，这使得光合作用产物的利用效率以及时效性均得到提高，尤其是大型河流水域中，物质和能量沿食物链传递和周转的速度很快。

河流水生态系统中的大型消费者，包括草食性以及其他食性的浮游动物、底栖动物、鱼类等。这些水生生物处于食物链（网）的不同环节，分布在水体的各个层次，并且有很大的活动范围。河流水生态系统的消费者大多数是草食性或杂食性动物，但有机碎屑仍作为部分食物，成为重要的营养来源。

河流水生态系统的分解者，也称作微型消费者，通常分布于水体底部沉积物表面，主要指水体中的各种细菌和真菌，它们能够分解动植物残体中的有机物同时利用其中的能量，将有机物转化成为无机物营养物质。同陆地生态系统比较，河流水生态系统中的营养物循环的速度快，但分解者在其营养物质再生中所起的作用较小。

# 第 3 章 天然及近天然河流生态系统综合分类

## 3.1 河流生态系统的地质年代

### 3.1.1 地质年代与古生物群落演化

地质年代通过岩性和岩层之间的叠复关系以及岩层中保存的生物化石群来明确各地质事件发生的先后顺序,如生物群落的演化规律。地质学家与古生物学家将地层划分为五代十二个纪。在不同地质年代的地层中,古代动植物的标准化石基本可见。

古生物群落在不同地质年代地层中的分布体现出以下特性:① 古生物群落的演化过程具有阶段性。越是低等的生物化石出现越早,越是高等的生物出现越晚。有些生物化石在下部和上部地层中都有存在,有的生物则灭绝继而出现新的种属。② 古生物群落演化过程的不可逆性。在某一阶段灭绝的生物不会重新出现在新地质年代的地层中。③ 古生物群落的环境适应性。在不同地质年代的地层中,分布有不同种属的古生物化石,并且由于古气候环境的地带性不明显,同一种属的古生物化石水平分布十分广泛。

古生物化石对地层地质年代的鉴别具有重要意义,尤其是一些垂直分布狭小但水平分布较广的标准生物化石。标准化石里的古生物通常生存时间较短,但是分布面积较大,数量较多。因此,不论岩石的性质和分布区域,只要出现了相同的标准化石或化石群,就能判定地层的地质历史时期大致相同或相同。

## 3.1.2 不同地质年代的生物条件分析

我们把中生代视为河流生态系统形成发育的开始时期。中生代河流分布于热带干燥气候区，水温全年较高。该时期河流主要流经红色沉积岩和石灰岩岩层，水体普遍呈碱性。河道底质上层主要为泥沙沉积物，有机质含量低，营养物质缺乏。气温的单一性和地层无机质沉积造成河流水生生物种类单一，优势种明显，腹足类、叶肢介和介形类等淡水无脊椎生物大量繁殖。中生代的第三个纪是重要的山脉形成期，现今地球上较高的山脉均形成于这一时期，对应流水侵蚀地貌区河流广泛发育，同时河流淡水介类和藻类大量繁育。中生代进入新生代时期，第三纪河流可划分为热带气候区河流和温凉湿润气候区河流。第四纪气候河流发育主要发生在间冰期。最冷时期山地冰川大规模出现，提供一种新的地表水源补给方式。干燥环境造就黄土等沉积地貌，对应出现各类地貌区河流。淡水生物种群分区显著，喜冷水性生物分布范围扩大。

河流生态系统是一个由简单向复杂演化的过程。气候和地质地貌等主要环境要素分异随地质年代发展逐渐扩大；同时河流水生生物历经长时间演化，种类不断演替和进化。中生代和新生代（第三纪和第四纪）河流处于古气候和古地质环境下，环境要素波动大，表现为温度异常、盐度变化和基底不稳定等；一些广温广适性生物大量占据河流淡水生境，物种分异程度低。河流演化进入现代后，环境条件稳定渐变，生物分异度明显提高。现代河流的气候和地质地貌类型更加多样和复杂，而水生生物的差异则主要体现在种属而不是更高的级别上。

## 3.2 河流生态系统的地理气候和水源补给

### 3.2.1 气候类型

目前，气候类型划分方法多样，其中，德国气候学家柯本创立的柯本气候分类方法或有效气候分类方法在全世界应用最为广泛。柯本气候分类方法将全球气候初步划分为 5 个气候带，其中 4 个以气温划分，分别为赤道气候带（A）、暖温带气候带（C）、冷温带气候带（D）、极地气候带（E），所有干旱地区单独分成一个气候带，即干燥气候带（B）。再根据每个气候带的具体特征，以气温和降水为标准再做细致的划分。

柯本气候分类方法划分的各气候带特征如下：① 赤道气候带（A）。全年高温炎热，每月平均气温在 18 ℃ 以上，依据降水差异细分为热带雨林气候（Af）、热带季风季候（Am）和热带干湿季风气候（Aw）。赤道气候带出现在赤道无风带的范围内，包括南美洲亚马孙河流域，非洲扎伊河流域、几内亚沿海、马来西亚、印度尼西亚和巴布亚新几内亚等地。② 干燥气候带（B）。干旱区域又可分为沙漠型气候（Bw），炎热型沙漠气候带分布在非洲北部、纳米比亚、阿拉伯半岛、伊朗南部、巴基斯坦南部、澳大利亚西部以及美洲部分地区，寒冷型沙漠气候带分布在中亚、蒙古、中国西北及美国西南；干旱性草原气候（Bs），炎热型草原气候分布在撒哈拉以南一线，澳大利亚、南亚和西亚部分地区，寒冷型分布在中亚、中北亚、北美洛基山麓、南部非洲以及阿根廷。③ 暖温带气候带（C）。细分为夏干温暖型气候（Cs），主要分布在地中海南岸和东岸、地中海北岸、加州南部、南非西部、智利中南部以及澳大利亚南部等地区；冬干温暖型气候（Cw），其中夏季炎热型分布在美国东南岸、东亚南部和澳大利亚东北岸，夏季温暖型分布在巴西南部、巴拉圭及南部非洲东海岸，夏季凉爽型分布在阿根廷北部和乌拉圭；常湿温暖性气候（Cf），夏季炎热型分布在中国最南部、印度北部、越南北部及澳大利亚东南岸，夏季温暖型分布在南非部分地区和西欧部分地区及新西兰，夏季凉爽型分布在西欧大部分地区，英伦诸岛及北欧部分地区及北美西海岸北部。④ 冷温带气候带（D）。分为常湿冷温气候（Df），夏季炎热型分布在美国中大西洋地区，夏季温暖型分布在中国秦岭-淮河一线及朝鲜半岛北部，夏季凉爽型分布在中国河南-山东一线、京津及辽宁地区，多瑙河下游以及日本北部，冬季寒冷型分布在中国东北、东欧平原、北美五大湖区及西伯利亚南部；冬干冷温气候（Dw），夏季炎热型分布在中国藏南地区及中亚部分地区，夏季温暖型分布在中亚和蒙古北部及北美新英格兰地区，夏季凉爽型分布在西伯利亚大部分地区、加拿大北部、阿拉斯加及挪威中北部，显著大陆型分布在密西西比河中上游、中亚北部、加拿大大部分地区、西伯利亚部分地区、斯堪的纳维亚中部和东欧北部。⑤极地气候带（E）。分为极地苔原气候（Et），主要分布在西伯利亚北部、斯堪的纳维亚北部、加拿大北部及诸岛、格陵兰岛南部及冰岛；冰原及高原气候（Ef），分布在格陵兰北部、南极大陆、西伯利亚东北部分地区以及青藏高原、帕米尔高原、东非高原、阿尔卑斯山、落基山、安第斯山、新几内亚查亚峰等高寒地区。

## 3.2.2 补给来源

河水的来源也称河流水源。河流补给包括雨水、冰川融雪、湖水、沼泽水和地下水补给等多种形式，最终的来源均是大气降水。多数河流都不是单纯依靠一种形式补给，而是多种形式的混合补给。河流补给是河流生态系统的重要水文特征，影响了河流水量大小以及年内年际水文变化节律。

各类河流补给形式的特点如下：①雨水补给。一般以夏秋两季为主，是大多数河流的补给源。热带、亚热带和温带的河流多由雨水补给。在雨季，河流进入汛期，而旱季则出现枯水期。雨水补给的河流河水的涨落与流域上雨量大小和分布密切有关，河流径流的年内分配很不均匀，年际变化很大。②冰川融雪补给。主要发生在夏季，补给量主要取决于流域内冰川、积雪的储量及分布以及气温的变化。通常，干旱年份冰雪消融较多，而多雨年份冰雪消融减少，因此，有冰川融雪补给的河流径流丰枯变化均匀，年际变化较小。此外，还有季节性积雪融水补给，主要发生在春季，具有连续性和时间性，比雨水补给河流的水量变化平缓。③湖泊和沼泽水补给。有些河流发源于湖泊和沼泽，有些湖泊接受河流的补给，又将湖水注入其他的河流。湖泊和沼泽对河流径流有明显的调节作用，因此由湖泊和沼泽补给的河流具有水量变化缓慢、变化幅度较小的特点。④地下水补给。这种补给形式十分普遍，中国西南岩溶发育地区，河水中地下水补给比重尤其大。地下水对河流补给量的大小，取决于流域的水文地质条件和河流下切的深度。河流下切越深，切穿含水层越多，获得的地下水补给也越多。以地下水补给为主的河流径流量的年内和年际变化都十分均匀。

不同地区的河流、同一地区的不同河流和同一河流在不同季节的主要补给形式和补给量都会表现出差异。此外，高山和高原地带河流的补给水源还具有明显的地带性。

### 3.2.3 不同地理气候和水源补给的水文情势

按照现代河流生态系统所处的大地理环境，结合气候类型和补给源划分，可分成热带亚热带湿润区河流、温带河流、寒带河流和高山高原区河流四大类。热带亚热带湿润区河流全年水温较高，没有结冰期，且水量充沛；温带河流水温年变化幅度较大，无冰期大于 5 个月，汛期主要集中在夏季或冬季，水量少于热带亚热带湿润区河流；寒带河流全年水温较低，河水结冰期长，并且河道流量少。此外，由于海拔作用，气候因子表现出垂直地带性，导致高山高原区河流所处流域具有独特的气候类型，可能出现在任意纬度地区，表现出日水温较大幅度波动。

相同的大气候环境下河水主要补给来源各有不同。水源补给造成河流水文情势的差异，表现为水量大小和水文节律的变化。

热带亚热带湿润区河流的主要补给方式为降雨和地下水补给。河流水量及其变化与流域境内雨季降雨量密切相关，按照降雨集中月份可划分为夏汛型、冬汛型和年雨型河流。例如，中国东南沿海地区，降水相对集中在夏秋季节，河流洪水发生次数较多；地中海地区河流冬季雨水补给丰足，而夏季雨水补给相对较少，造成河流夏季径流量偏小甚至干涸；热带雨林气候区全年降雨丰沛，区域内河流流量年内分配均匀。在降雨丰沛的地区，地下水也是河流水源的重要补给来源，如位于亚热带的岩溶地貌区河流。

温带河流补给方式十分多样，包括冰川融雪、雨水和地下水等，其中冰川融雪和雨水是主要补给方式。冰川融雪补给主要发生在春季，可造成河流春汛；温带降雨补给河流多具有夏季洪水期，如尼罗河、黑龙江以及中国东南部部分河流；干旱地区的一些内陆河以及地表土壤渗透性强区域（如黄土地貌区）的河流主要依靠地下水水源补给。

寒带河流以冰川融雪为主要补给类型。冰川融雪补给水量的多少与流域境内冰川或永久积雪贮量大小及气温高低密切相关，因而河流的水情变化与气温变化，尤其是气温日变化有密切联系，通常春季光照增强和夏季气温较高时河流水量明显增加。

高山高原区的部分河流以湖泊沼泽为水源地，河流水量大小及其变化与湖泊沼泽补给流域的来水量及变幅有关。此类河流水量年内年际分配均匀，水流动能受湖泊流动类型影响。

## 3.3 河流生态系统的地貌条件

### 3.3.1 流水地貌形成过程

河流地貌指河流作用于地球表面，经侵蚀、搬运和堆积过程所形成的各种地表形态的总称。河流的流水作用是地球表面最常见和最活跃的地貌作用力，贯穿于河流地貌形成的全过程。无论何种水流条件均有侵蚀、搬运和堆积作用，并塑造了形态各异的地貌类型。

河流系统一般分为上、中、下游三段，由上游至下游水流的侵蚀能力逐渐减弱而堆积作用逐渐加强。水流的侵蚀和堆积作用对应形成侵蚀和堆积地貌，前者包括侵蚀河床、侵蚀阶地、谷地和谷坡等，后者包括河漫滩、堆积阶地、冲积平原和河口三角洲等。河谷和河床地貌形态是河流生态系统地貌研究的重要内容。河流阶地也是河流地貌中重要的地貌类型，可以分为侵蚀阶地、堆积阶地、基座阶地和埋藏阶地。通过河流河谷、河床类型和结构的研究，有助于了解河流地貌形成、发展和演化的历史过程。

**(1) 河谷地貌**

河谷是水流长时间侵蚀而形成的线状延伸凹地。河谷由谷坡和谷底两部分组成，谷坡的形态有凸形、凹形、直线形、阶梯形等；谷底是夹在两坡之间的平坦面，由河床及河漫滩组成。

河谷的发育大致经历三个阶段：第一阶段，峡谷。又称为 V 形河谷，流水下切侵蚀地面形成的狭窄凹地，由基岩组成的山区河流较为多见。河谷横断面呈 V 形，两壁陡峭，无河漫滩，河床纵剖面比降很大，水流湍急，河流平面形态较顺直。第二阶段，河漫滩河谷。下切作用减弱，侧向侵蚀加强，谷底拓宽，并伴随河漫滩发育。河漫滩河谷扩宽受限于河流流量、河岸抗冲强度和河床纵比降。此外，地下水和坡面片流也对河谷拓宽产生显著影响。第三阶段，成型河谷。由于侵蚀基准面下降而产生河床的重新下切，原有河漫滩转化成阶地，河流又塑造新的谷地，这种河谷发育经历了较长的发育过程，因此被称为成型河谷。

由河谷的发育过程可以看出，河流生态系统上游多为窄深的峡谷，中下游河段河漫滩谷地和成形河谷较为多见，而下游多以河漫滩河谷为主。此外，山区河流与平原区河流的谷地差异明显。山区河流谷地多呈现 V 形或 U 形，纵向坡降大，谷底与谷坡间无明显界限，河岸与河底常有基岩出露；平原河流的河谷多为宽 U 形或 W 形，纵向坡降较缓，河谷中冲积物层较厚，有宽平的河漫滩。

**（2）河床地貌**

河床是河谷中的最低部分，有持续的水流。横剖面为阶梯形状，两侧高出部分是河漫滩；纵剖面是河源至河口的河床底部最深点的连线，呈现上凹形。河床纵剖面形态受到地质构造、岩性、地形以及支流等因素的影响，并且受制于河流生态系统的侵蚀基准面。

河流生态系统上游地形坡降较大，但是水量较小，下切作用力较弱；下游河段河床比降小，水流流速较缓，堆积作用显著，加上侵蚀基准面限制，下切作用有限。只有河流中游水量和流速较大，有足够的能量进行侵蚀和搬运泥沙，所以河床纵剖面的基本形态是呈上凹形曲线。

当河流生态系统的冲淤平衡，即水流动力全部消耗在搬运泥沙和克服水流内外摩擦阻力时，河床纵剖面发展趋向于平衡，这时的纵剖面称为平衡剖面。但是，这种冲淤平衡状态很容易被打破，由于河流流经区域的环境因素，包括地质构造、岩石、气候、植被因素不断变化，河流自身的流量和含沙量也在改变，当河流生态系统的挟沙能力与来沙量不匹配时，冲淤情况就会发生。如果输入的泥沙超过局部水流的挟沙力，过多的泥沙将会沉积下来，使河床淤高；

当来沙量小于局部水流挟沙力时，水流将冲刷河床来补充挟带的泥沙量，使河床刷深，进而使河床的平衡剖面受到破坏。但河流能够通过自我调节达到新的平衡，不过这种平衡是暂时和相对的，而不平衡才是长期和绝对的。

## 3.3.2 依据地貌条件的分类

依据地貌条件的河流生态系统分类，首先应对河流流经区域的地表起伏形态进行划分。一般认为，普通地貌类型应按形态与成因相结合的原则划分，但由于地貌形态、地貌营力及其发育过程的复杂性，目前尚没有一个完全统一的分类方案，一般采用形态分类和成因分类相结合的分类方法。

根据外营力，通常划分为流水地貌、湖成地貌、干燥地貌、风成地貌、黄土地貌、喀斯特地貌、冰川地貌、冰缘地貌、海岸地貌、风化与坡地重力地貌等。外力地貌一般又可以划分为侵蚀的和堆积的两种类型。根据内营力，通常划分为大地构造地貌、褶曲构造地貌、断层构造地貌、火山与熔岩流地貌等。无论是外营力地貌还是内营力地貌，在动力性质划分的基础上，都可以按营力的从属关系和形态规模的大小进一步划分。

比较完整的地貌分类系统，常常是既考虑外营力和内营力，又考虑形态及其规模的多级混合分类系统。另外，根据实际需要，还可以进行专门的地貌分类，如有喀斯特地貌分类、风沙地貌分类，以及直接为生产服务的应用地貌分类等。

地表沉积物和岩石岩性影响河道底质和水体矿化度；同时，地形也是河型塑造的主要作用力。因此，依据现代河流流经区域的地貌条件差异，将河流分为流水地貌区河流、岩溶地貌区河流、黄土地貌区河流和冰川冻土地貌区河流。各地貌区河流对应于不同气候和水源补给类型。

流水地貌区河流分为侵蚀地貌区河流（山区河流）和搬运堆积地貌区河流（平原河流）。流水下切侵蚀作用产生各类型河谷，水流冲刷作用常造成岩基出露，抗蚀力强的岩石区多形成两坡较陡的峡谷河流。堆积作用生成冲积平原、河漫滩和三角洲河流等。流水地貌区河流可以出现在有地表径流形成的各气候区，对应补给类型较为多样。

岩溶地貌区河流主要分布在热带亚热带湿润区和温带的高山高原区。此类型河流流经裸露岩基，水体由于石灰岩溶解和沉积作用，$Ca^{2+}$和$HCO_3^-$离子浓度高，多呈碱性。热带亚热带湿润气候带岩溶地貌区的地表径流主要依靠地下水补给，如中国的贵州、广西、云南等地，地下水成为河水的主要补给来源。而分布于温带的岩溶地貌区河流通常以湖泊沼泽水作为补给源。

黄土地貌区河流主要分布在温带，地下水系广泛发育。以黄河中游的黄土高原区河段为例，地下水补给率大于60%。黄土地貌主要是第四纪沉积物，由风化及冻融作用导致沉积岩破碎搬运沉积而成，流经该区域河流底质较细且孔隙率高，泥沙沉积物在水流作用下易以悬移质方式输移。

冰川冻土地貌区河流流经区域的地表覆被可能为冰碛沉积物，河道底质为碎屑质组成，大小混杂缺乏分选。多年冻土层减弱了地表径流与地下径流的交换，河流发育程度与气候和地形条件有关。

## 3.4 河流生态系统平面形态

### 3.4.1 河型成因各种理论

#### 3.4.1.1 地貌界限假说

地貌界限假说是指地貌系统在不断发展和演变过程中，从数量的变化达到某一界限以后发生质的突变，从而引起原有地貌系统的分解并导致地貌系统从原有状态向另一状态发生转化。这种地貌界限划分为内部界限和外部界限。就河流地貌系统而言，内部界限是由塑造河流地貌系统的水沙流运动本身的内部规律（如自身的不稳定性或能量耗散规律等）决定的一个数量界限；外部界限则是指对河流地貌系统突变起控制作用的自然边界条件。如果将地貌界限假说应用在河型转化方面，河道比降是控制河型转化的决定因素。

#### 3.4.1.2 能耗率极值假说

流体或掺有固体的多相流体在一定边界条件下运动时，除满足质量和能量

（或动量）守恒外，总是不断地调整着体系中的各个变量，以使体系的运动满足单位河长上的能量损耗（能耗率）达到极小值。目前，依据非平衡态热力学的最小熵产生原理经过数学上的严格理论推导，证明了在河流生态系统中确实存在最小能耗率原理。如果将能耗率极值原理用于河流生态系统形态研究，当河道流量、输沙率、泥沙粒径以及河岸边坡系数等发生变化时，河道的宽度、深度、比降及河道的平面形态都会作相应的调整，以使河流系统的单位河长的能耗率达到极小值。

### 3.4.1.3 统计分析

统计分析方法不考虑河型成因的水动力学机理，仅仅分析河流在不同来水来沙条件下的形态表现。由于与水流能量有关的流量与坡度之间的关系能够反映河流剪切能力与边界抗剪能力之对比，通过建立流量与坡度间的统计关系，能够分析河流形态的表现形式。但是这种河型研究方法忽略了对于河流形态也产生关键性影响的边界条件。Lane（1957）曾利用河道比降和平均流量来统计各种河型之间的划分界限，结果表明：随着比降的减小，河流将向弯曲河型发展。

### 3.4.1.4 其他理论

1）床沙质来量及河岸抗冲性理论。流域的特性能够决定河流的特性，当流域条件发生改变时，河流系统也会做出相应的调整。这种调整是通过水流对于泥沙的侵蚀冲刷、搬运和沉积过程得以实现。床沙质来量与水流挟沙力、河岸抗冲性与水流冲刷能力两组关系的对比能够影响河流形态的发展方向。

2）内外营力理论。天然河流的形态是内外营力共同作用的产物。与地貌界限假说类似，内外营力理论考虑河型塑造的内外两方面驱动因素。陆中臣和舒晓明（1988）认为，影响河型的外部营力主要有上游流量、来沙量及其过程，以及流域的形状因素；内营力主要有地壳构造运动强度，即广义的河床边界条件。

3）来水来沙条件理论。河型是由来水来沙条件控制的，大水淤滩刷槽，小水淤槽，河型就在不同的来水来沙情况下，河道冲淤相互交替、相互抵消、相互消长过程中形成和演化。尹学良（1965）结合大量实测资料和模型试验成果，认为控制河型的是来水来沙条件、河流边界、侵蚀基准面等因素。在河流硬边界较少，侵蚀基准面较稳定的情况下，河型只由来水来沙条件控制。

### 3.4.2　依据平面形态的分类

河道的平面形态通常分为顺直、弯曲、游荡和网状4种型。依据能量耗散率极值原理，给定河流的流量、输沙率以及输沙粒径，河流系统不断调整河相、流速和河槽比降，从而调整对应的河型。由此可见，在确定河流系统及河道水沙平衡的条件下，河型可以综合表征河道各类形态及局部河段的流动类型。

顺直和弯曲型河流均为单一河道形态。顺直河流分布地理位置变化较大，两岸有岩基出露的河谷或河口三角洲都可能表现为顺直型河流，前者河谷比降较大，频繁出现跌水和冲刷型深潭；而河岸植被茂密的河口三角洲顺直河流，河谷比降较小。弯曲型河流通常分布较多浅滩和急流区以及在弯顶处间或出现冲刷型深潭，推移质和冲泻质输沙类型均有出现。顺直和弯曲型河流可出现各类河道底质。其中岩溶地貌区河道形态由气候和岩石岩性共同作用，河流侧向发育受限，河型通常表现为顺直或十分弯曲。

游荡和网状型河流均为多河道交错形态。游荡型河流通常分布在冲积平原上部，河谷比降陡，冲淤变化剧烈，植被覆盖密度低，河岸物质抗冲性差，基底物质主要为卵石、砾石、沙和淤泥黏土。在黄土和干旱地貌区游荡型河流较为常见，而在岩溶地貌区基本没有分布。网状型河流主要分布在冲积平原的中下游，河谷比降较小，植被密度大，河岸物质组成主要为粉砂和淤泥，基底物质组成最细，主要为砾石、沙和淤泥黏土。鉴于网状型河流的水沙、河道底质和河岸植被特性，流水地貌侵蚀区，岩溶和黄土地貌区通常没有网状型河流分布。

## 3.5　河流生态系统综合分类层次结构

河流生态系统综合分类法是基于河流地貌及生态过程并融合各环境要素和

生态特征的综合性分类方法。通过河流生态系统综合分类，有助于深入地认识淡水生态系统的成因及演化规律，并结合动态监测和模拟等手段，辨别实测河流与综合分类提供基准的异同，为河流生态系统健康评价及水生态保护与修复提供科学依据。

河流生态系统综合分类法最大空间尺度上的环境要素为流域地理气候因子，体现了流域陆域特征影响，可参照传统分区方法进行。具体做法为：将流域范围内处于水热条件相对同质区域的河段划分到一起。地理气候通过调整河流水文节律、水温等环境条件决定河流水生植被和鱼类等脊椎动物的组成和分布，对各类型河流的生态差异起决定性作用。

水源补给类型能够间接表征天然水文节律，是水动力学特征的描述。许多学者研究结果表明水文节律对于水生生物的影响不容忽视（Brown et al., 2009）。Bunn 和 Arthington（2002）提出流量节律对水生生物多样性的影响；Converse 等（1998）研究表明人为改变基流量和减小流量变幅造成科罗拉多河白鲑数量的减少；Blanch 等（2000）提出低流量时期的水位波动将会有利于某些水生植物数量增加。部分已有研究也表明：水文节律影响水生生物生物量和丰富度等生态特征，但不能作为物种出现的决定因素。

地貌条件因子是传统河流的分类依据，在各国都有较为成型的划分方法。地貌条件因子和地理气候因子在一定时间尺度内可以看作是不变的，从大尺度上调控河流化学、水文和泥沙特性，这些因子最终限定物理生境和生物结构的发展和表现形式。Marchant 等（2000）在澳大利亚的研究证实海拔高程等地形因素能够有效区分无脊椎动物，但 Hawkins 和 Vinson（2000）在美国俄勒冈州对于脊椎动物的研究则得出相反的结论；Rosgen（1994）关于澳大利亚新南威尔士的研究则表明地貌分类能够有效区分硅藻、水生大型植物、大型无脊椎动物及鱼类的分布格局。

河流平面形态即河型是气候、地质地貌等大尺度环境要素共同作用下河流输沙平衡的结果。各类河型体现出生物在河道微生境（深潭、浅滩、急流和跌水等）的聚集，如弯曲型河流较多出现浅滩与深潭交错区，由于该区域水流流速较急，通常分布有急流物种。

综合分类法采用层次结构表征，将河流生态系统类别依照先时间后空间且空间尺度由大及小的次序划分为5个层次（表3-1），分别以纪、系、统、类和型命名，并判别给定类别河流生态系统在特征河段尺度上的生态特征。各层次的分类依据依次为河流地质年代、地理气候、水源补给、地貌条件和平面形态。河流生态系统综合分类的分层次描述集已有分类方法的优点，系统地反映了现有分类方法在综合分类体系中的地位和作用，并揭示了目前各分类方法之间的内在关系及其适用范围。

表3-1 河流生态系统综合分类层次结构

| 编码 | 纪 | 系 | 统 | 类 | 型 |
| --- | --- | --- | --- | --- | --- |
|  | 地质年代 | 地理气候 | 水源补给 | 地貌条件 | 平面形态 |
| 1 | 第四纪$Q_1$时期河流 | 热带亚热带湿润区河流 | 雨水补给 | 其他流水地貌河流 | 顺直河流 |
| 2 | 第四纪$Q_2$时期河流 | 温带河流 | 地下水补给 | 岩溶地貌河流 | 弯曲河流 |
| 3 | 第四纪$Q_3$时期河流 | 寒带河流 | 湖泊沼泽补给 | 黄土地貌河流 | 游荡河流 |
| 4 | 第四纪$Q_4$时期河流 | 高山高原区河流 | 冰川融雪补给 | 冰川冻土地貌河流 | 网状河流 |

首先，综合分类的"纪"是从时间尺度上明确河流生态系统的形成时期。地质年代能够记录河流生态系统形成、发育和演变的全过程，包含了地质构造、气候类型以及水生生物繁育和演化的全部信息。广义地讲，当将河流生态系统按照淡水系统各地质年代古气候和地理环境差异划分时，综合分类的时间起点甚至可以追溯至寒武纪，从中生代起，地球的古大陆板块形成和发育基本完成，陆相沉积开始在世界各地尤其是亚洲等地区大量分布，这就为淡水系统广泛发育提供基础环境。但是，我们真正能够见到的近现代和现代河流却多始于第四纪地质时期以来（尽管也偶见新近纪末发育的河流）。

其次，从空间尺度上考虑河流气候成因和地理特征。河流"系"指具有类似气候湿热条件的河流统称，在某种尺度下可采用降雨和温度因子来衡量气候类型的相似性。例如，现代河流可分为热带亚热带湿润区河流、温带河流、寒带河流和高原高山区河流四大系，归纳为四大类温度和降雨因子湿热条件组合下的河流。在每一系下还可依据河水的主要补给来源划分出"统"。

最后，综合分类的"类"指同一系统中地貌条件相似的河流生态系统集合。综合分类的"型"则是指一类河流在其水流侵蚀、输移和堆积泥沙而塑造不同地貌过程中出现局部相似的河道平面形态。

只有在充分了解河流纪、系、统、类和型的基础上，才能准确把握河流生态系统在特定时空单元中所表现出的生态特征，并据此预判各类型河流生态系统中可能出现的水生生物群落组成和分布。

## 3.6　河流系统编码方法

### 3.6.1　多尺度编码系统

河流系统编码是对河流空间信息分层组织和属性数据结构设计的量化过程。编码的意义在于将河流生态系统综合分类结果转为易于计算机和人类识别的符号体系，编码结果是生成河流的分类码，每一分类码对应唯一类别的河流生态系统。

由于河流系统分类符合地理信息面分类特征，将河流生态系统各属性分视为一个层面 $L_i(1 \leq i \leq m)$，每个层面划分出若干类目 $L_{i1}$，$L_{i2}$，…，$L_{in}$，对于任意 $h \neq k (1 \leq h, k \leq n)$ 有 $L_h \cap L_k = \varnothing$。借鉴Rtree模型，采用自上而下，即从河流系至河流型细化的编码方案。该方法具体过程如下：首先，在上一尺度 $L_i$ 中，划分类目 $L_{i1}$，$L_{i2}$，…，$L_{in}$，顺序获得该层次类目位置码并对分类码赋值 $C_i$；其次，对类目 $L_{i1}$ 到 $L_{in}$ 继续划分下级 $L_j$ 层类目 $L_{j1}$，$L_{j2}$，…，$L_{jn}$，并分别取得位置码SN，将分类码 $C_{ij}$ 置为 $C_i$ | SN；依层次递推，最终获得识别河流型的分类码。分类码各码位分别代表河流生态系统分类要素的尺度和位置等级关系。图3-1给出3个尺度的河流系统多层编码方法示意图。

### 3.6.2　简化四叉树编码

对照河流生态系统综合分类体系，编码系统可划分为地质历史、地理气

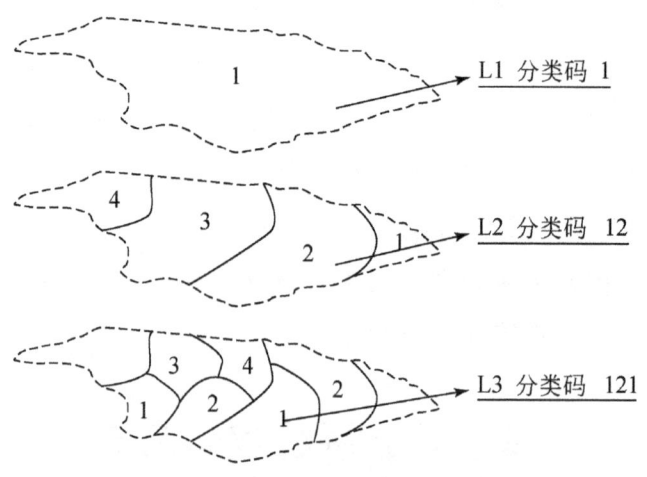

图 3-1 河流系统多层编码方法示意图

候、水源补给、地貌条件和平面形态 5 个层面（Level 1~5）。由于每层次均细分为 4 个类目，多层次编码体系可简化为典型的四叉树模型，其树状表示形式如图 3-2 所示。属性层（Level 1）划分为第四纪 $Q_1$、$Q_2$、$Q_3$ 和 $Q_4$ 时期河流 4 个类目，对应方位 SW、SE、NW 和 NE 顺序，并赋予位置码 1~4。以第四纪 $Q_4$ 时期河流为例，获得第一位编码为 "4"，依次划分各属性层，并获得对应的分类码，最终第四纪 $Q_4$ 时期高山高原区湖泊沼泽补给岩溶地貌单元区弯曲型河流递进获得编码为 44322。编码系统中每一位置码 SN 采用 4 进制编码，编码值为 1~4，最多可以对应 4 条类目，基本满足现有河流生态系统综合分类的要求。

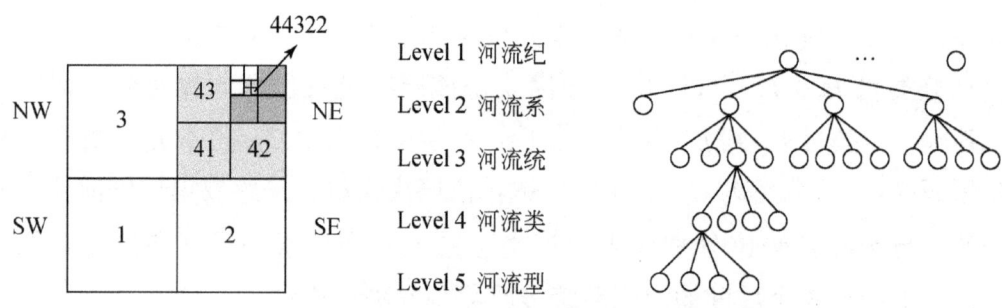

图 3-2 河流生态系统综合分类的四叉树编码

# 第 4 章　典型河流生态系统特征分析

## 4.1　河流水生生物群落的组成

河流水生生物群落是指在河流水体环境内，相互之间存在直接或间接关系的各种水生生物的集合。河流水生生物群落主要包括浮游生物（浮游植物和浮游动物）、水生植物、底栖生物、游泳动物和水微生物等。由于水微生物门类庞大，个体微小且外部特征不明显，生命周期短，不易采样监测，生长繁殖的环境条件复杂以及作用机理不清等原因，本书不对其进行系统分析和研究。河流水生生物群落的特征是多个种群特性的总体显现，涉及物种的多样性、群落的生长形式和结构（空间结构、时间组配和种类结构）、优势种（群落中以其体大、数多或活动性强而对群落的特性起决定作用的物种）、相对丰富度（群落中不同物种的相对比例）和营养结构等。由于水环境对陆域气候因素的强烈缓冲以及水环境自身环境要素的作用，河流水生生物分布的地域性不十分显著，但已有研究表明河流水生生物群落仍具有气候种和地方种。

### 4.1.1　浮游生物

浮游生物是指在水流运动作用下，被动地漂浮在水层中的生物群。浮游生物缺乏发达的运动器官，自主运动能力弱或完全没有运动能力，因此只能依靠水流漂移。此外，浮游生物一般个体较小，多数种类需要依靠显微镜识别身体构造（刘建康，1999）。浮游生物多种多样，可分为浮游植物和浮游动物，特别是动物，如体型微小的原生动物、藻类，也包括某些甲壳类、软体动物和某些动物的幼体。按个体大小，浮游生物可分为6类：①巨型浮游生物，大于1

cm，如海蜇；②大型浮游生物，5~10 mm，如大型桡足类、磷虾类；③中型浮游生物，1~5 mm，如小型水母、桡足类；④小型浮游生物，50 μm~1 mm，如硅藻、蓝藻；⑤微型浮游生物，5~50 μm，如甲藻、金藻；⑥超微型浮游生物，小于5 μm，如细菌。从形态上看，浮游生物为适应浮游，体表常有复杂的突起，或在体内贮存着大量的水、油滴、脂肪和气体等。

浮游植物不是分类学单位而是生态学单位，通常指浮游藻类，而不包括细菌和其他微小植物。由于浮游藻类为水体中的经济动物提供食物基础，同时藻类的过度繁殖能够造成水体污染和渔业损失，影响水体的生产能力，并且可以作为水体污染的指示性生物，因此常将浮游藻类作为浮游植物的典型代表加以分析。浮游藻类多数为单细胞种类，其为水生态系统提供生产力。硅藻和甲藻是大陆架区生产者的优势种，其生产力是海洋生态系其他生物生产力的基础，某些甲藻能引起赤潮。根据体型，浮游藻类可以分为根足型（变形虫型）、鞭毛型（游动型）、胶群体型（不定群体型）、球胞型（不游动型）。浮游藻类的分布具有时空性：在水深较大的水体，藻类分层较为显著。蓝绿藻仅在中上层水域中分布，随着水深的增加逐渐减小或者没有，30 m以深以硅藻为主，占各个相应层浮游植物生物量的66.3%~100%。这种明显的垂直分布特点与其特殊的生态环境有关，此外，浮游藻类组成也表现出季节性。冬季浮游藻类多为耐寒种；早春由于光照增强，个体较小生长迅速的种类成为优势种群，硅藻和绿藻多为春季水华的优势种；夏季以较大体型藻类占优；而秋季常出现较小的硅藻增殖。

浮游动物属消费者，桡足类和磷虾是永久性浮游生物，腔肠动物的浮浪幼虫、蛇尾的长腕幼虫和藤壶的无节幼虫是暂时性浮游生物。磷虾是鱼类的主要饵料之一，南极海洋中的磷虾数量最多。有孔虫类和放射虫类的壳是海洋沉积物中一类重要的古生物化石，根据它们能确定地层的地质年代和沉积相，并且可以借助它们寻找沉积矿产和石油。

## 4.1.2 水生植物

在河流水环境中生存的植物称为水生植物，由于长期生活在低氧、弱光的环境中，水生植物具有特殊的形态特征：其根系不发达，主要起到固定作用，根茎具有完整的通气组织，保证器官和组织对 $O_2$ 的需要，表皮角质层厚，栅栏组织发达，根、茎、叶表皮细胞排列紧密，增强自身耐污性和抵抗力，有助于抵抗因污染而引起的同化功能下降和水分过分蒸腾等不利影响。

水生植物是鱼类等水生动物的饵料；作为初级生产者，也通过光合作用向周围的环境释放 $O_2$，短期储存 N、P、K 等水体中的营养物质；同时，作为河流生态系统的组成要素，水生植物特殊的结构形态也起到净化水质的作用，其能抑制低等藻类生长并促进水中反硝化菌、氨化菌等根茎微生物代谢。由于水体对于气候变化有巨大的缓冲作用，水生植物地理分布与气候的关系没有陆生植物那么显著，水生植物的世界广分布种较为普遍，但也有一些气候性种、地区种和特有种。

根据水生植物的生活方式与形态的不同，一般将其分为：挺水型水生植物、浮水型水生植物和沉水型水生植物。挺水型水生植物植株高大，花色艳丽，绝大多数有茎、叶之分，直立挺拔，下部或基部沉于水中，根或地茎扎入泥中生长发育，上部植株挺出水面。挺水型水生植物种类繁多，常见的有荷花、黄花鸢尾、千屈菜、菖蒲、香蒲、慈姑、水葱、梭鱼草、花叶芦竹、香蒲、泽泻、旱伞草和芦苇等。浮水型水生植物漂浮在水面之上，既能吸收水里的矿物质，同时又能提供水面遮蔽，常见种类有睡莲、凤眼莲、大藻、荇菜、水鳖、田字萍等。沉水型水生植物根茎生于泥中，整个植株沉入水体之中，通气组织特别发达，利于在水中空气极度缺乏的环境中进行气体交换。植株的各部分均能吸收水中的养分，而在水下弱光的条件下也能正常生长发育。沉水植物对水质有一定的要求，因为水质会影响其对弱光的利用。常见种类包括黑藻、金鱼藻、眼子菜、苦草和菹草等。

## 4.1.3 底栖生物

底栖生物是指生活于水体底部的动植物群体。底栖生物种类繁多，包括多种生产者，消费者和分解者，能利用水层沉降的有机碎屑，并且促进营养物质的分解。按生活方式分为营固着生活、底埋生活、水底爬行、钻蚀生活和底层游泳等类型。通常底栖生物多是指底栖动物，是指生命周期的全部或至少一段时期聚居于水体底部的大于0.5mm的水生无脊椎动物群。较为常见的底栖动物主要包括各类水生昆虫［如蜉蝣目（Ephemeroptera）、毛翅目（Trichoptera）、襀翅目（Plecoptera）、鞘翅目（Coleoptera）、广翅目（Megaloptera）、蜻蜓目（Odonata）、半翅目（Hemiptera）、双翅目（Diptera）等］、软体动物（Mollusca）［如腹足纲（Gastropoda）、双壳纲（Bivalvia）］、螨形目（Acariformes）、软甲亚纲（Malacostraca）［如十足目（Decapoda）、端足目（Amphipoda）］、寡毛纲（Oligochaeta）、蛭纲（Hirudinea）和涡虫纲（Turbellaria）等。

底栖动物通过取食过程促进了底泥中有机物质的分解，减少了水体中有机物质的含量，加速了河流的自净过程。底栖动物也能够利用植物存储的能力，分解落叶和底栖或附着藻类，将植物化学能有效转化为动物化学能，并以动物产品的形式固定下来，如具有较高经济价值的虾、蟹。另外，底栖动物也是高等水生动物的食物来源，有相当数量的底栖动物，特别是在夜间，会有规律地向河流近床底层迁移，成为底层区鱼类的重要食物供给源。可以说，底栖动物在河流生态系统的能量循环和营养流动中起着重要作用，它们具有较高的能量和转化效率，其生物量直接影响着鱼虾等经济动物资源的数量。底栖动物还可通过分泌黏液和其他一些活动，增加或降低河床底质颗粒的粗糙程度，破坏沉积物的原始结构及其微生物和化学特征，从而在微观尺度上改变河床地形。此外，底栖动物作为淡水生态系统食物链的中间环节，对水质变化敏感且活动范围相对固定，是一种较好的水环境质量指示种，具有采样容易的优点，目前应用最广泛的上百种生物评价方法中有2/3是基于大型底栖无脊椎动物。

### 4.1.4 游泳动物

游泳动物（自游动物）是具有发达运动器官，游泳能力很强的一类大型动物，包括鱼类、哺乳类和一些虾类等。从种类和数量上看，鱼类是最重要的游泳生物。河流中的鱼类多数为淡水鱼种，狭义地说，指在其生命周期中部分阶段如幼鱼期或成鱼期，或终其一生都生活在河流淡水水域中的鱼类。由于内陆河流常被分隔，致使淡水鱼易于特化，可栖息的水体比海水鱼少，但是淡水鱼仍有众多种类。河流淡水鱼具有较高的经济价值和生态价值，是淡水生态系统食物链中的高级消费者，综合体现了河流生态系统的水环境特性，也是一种较为常用的水环境状况指示生物。河流淡水鱼多为草食性及杂食性，但也有少量肉食性。河川上游的鱼类多以昆虫和附着性藻类为食，河川下游的鱼类常以浮游生物和有机碎屑为食。

中国的淡水（包括沿海河口）鱼类共有 1050 种，分属于 18 目 52 科 294 属。大体分属下列四大类：圆口类、软骨鱼、软骨硬鳞鱼和真骨鱼。真骨鱼是最为常见的鱼类，出现于侏罗纪，内外结构均具备完善的水生适应构造，从白垩纪开始沿着许多辐射适应路线发展，成为地球表面一切水域的生活者。中国河流淡水鱼类物种多样，中国河流上游水流急、底质较粗，可能分布鲖鱼、鰕虎；河川中游地形复杂，平滩、急流、深潭、瀑布、深涧和回水等多种栖息地，可能出现石鲤和香鱼；下游段由于水质污染，耐污性较高的物种适宜生存，常出现外来鱼种，如大肚鱼和琵琶鼠鱼。除上述全国的广布种外，各地理气候区水域中也有不少本地区的常见种类。例如，中国东北黑龙江及其支流中的鱼类约有 90 种，冷水性鱼类较多分布，经济意义较大的常见种类有哲罗鱼、细鳞鱼、乌苏里白鲑、北极茴鱼、鲟鱼、达氏鳇、狗鱼和洄游性的大麻哈鱼等；南方江河中温带鱼类较多，冷水性鱼类逐渐减少；华南地区特有的种属包括鲮鱼、傜山鱼、四须盘、直口鲮、唐鱼和华南鲤等；西南部的高原河流，如雅鲁藏布江、怒江、澜沧江和金沙江等，许多地段水流湍急，鱼类资源一般，分布有鲤科的野鲮属、东坡鲤属、鲮属等。依照全国水系分布分析，辽河水系约有鱼类 70 种，其上游尚有北方种类；黄河水系约有 140 种；长江水系约有 300 种，冷水鱼类极少，除常见的青、草、鲢、鳙、鳊、鲂、鳡、赤眼鳟、胭脂鱼等重要经济鱼类外，还有鲥鱼等特有种；珠江水系的鱼类资源丰富，共 260 余种。

## 4.2 河流水生生物与环境要素

河流水生生物对各类近端环境要素的敏感程度不同，其在适应于河流栖息环境的同时，也在不断影响和改变着河流水体环境。通过研究藻类、水生植物、底栖动物以及鱼类与环境要素间的相互作用关系，有助于从众多环境要素中识别生态效应显著的生态因子以及对生物生存、生长、繁殖和扩散起到阻碍作用的限制因子，最终服务于河流水生生物的保护工作。

## 4.2.1 藻类与环境要素

### 4.2.1.1 水温

水温主要影响藻类的水平分布（Rott et al.，2003）。依据栖息生长点温度的差异，藻类可以分为冷水性种、温水性种和暖水性种3类。但有些底栖藻类对温度变化的适应能力很强，如石莼几乎在世界各地都能全年生长。河流淡水藻中多数硅藻和金藻类在春天和秋天出现，属于狭冷性种；有些蓝藻和绿藻仅在夏天水温较高时出现，为狭温性种。

### 4.2.1.2 光照强度

光照强度主要影响浮游藻类的垂直分布。浮游藻类由于需要进行光合作用，所以只能分布在水体上层，光照能透过的部分，约200m以内的水深。不同种属的藻类需要的光照强度不同，如蓝藻需要较强的光照，一般分布在水体较浅的区域；而硅藻则分布在不同光照强度的水层。北半球春季光照强度增强，浮游藻类的数量大幅度增加，但在夏季由于浮游动物的大量摄食，数量又将骤减。随着光照强度的改变，藻类能在不同深度的水层中发生位置迁移。

### 4.2.1.3 水文水动力条件

在河流生态系统中，影响藻类繁衍和分布的水动力学特征主要为水流节律和流速。一些大流量事件常造成藻类生物量的急剧减少，或者大幅度地改变浮游藻类在水体中的分布格局。河流中的水流速度决定了浮游藻类是否能够生长并且维持它们自身的发展，不同种属的藻类适应于不同范围的水流流速，如硅藻较多出现在0.4m/s的流水环境中；而水流速度越慢，藻类静水种丰度越大。

#### 4.2.1.4 营养盐含量

营养盐也是影响藻类水平分布的一个因子。营养盐丰富的水域，有利于藻类繁殖，浮游藻类的数量较大。营养物质可利用性多指一些阻碍藻类繁殖的限制性因子，如 P 和 N 元素的含量，当水体中 N、P 等营养物质含量过多，常造成藻类过量增殖，将出现水华而造成水质污染。

### 4.2.2 水生植物与环境要素

#### 4.2.2.1 地理纬度及海拔

地理纬度与海拔均是通过温度来影响水生植物的生存和生长。水体对于热量变化强烈的缓冲作用使水生植物的分布地带性不明显。此外，由于水生植物多数以无性繁殖为主要繁育方式，耐环境胁迫物种具有天然选择性优势，优良性状得以广泛保留。因此，在同一温度带内气候因素对水生植物影响比较小。随着海拔的升高，水生植物生物多样性下降，生存下来的水生植物表现出抗胁迫能力增强，但是生产力下降。

#### 4.2.2.2 水文水动力条件

水位和流速是影响水生植物生长繁育最为主要的因素。不同的水位分布有不同的水生植物，自河槽向河岸方向延伸，分别生长着沉水植物、浮水植物和挺水植物。据新西兰的研究表明水生植物多样性与水位变幅、变化频率以及低水位持续时间有关；当水位变幅导致栖息地面积增加时，水生植物多样性极大提高；低水位持续时间不能过长，否则暴露于空气中的水生植物将大量死亡；特大洪水影响水生植物的更新与恢复，导致水体初级生产力的下降。除水位变动以外，水流对水生植物生长分布的影响也不容忽视，水生植物主要分布于水流平缓，底质为淤泥或粉砂的水体中，而在水流急，底质为砾石或卵石的区段，种类比较贫乏，而且以挺水植物为主。

#### 4.2.2.3 水体理化环境

水生植物的生产力、分布和种类结构受到水温、光照的调控,也与水体的透明度、化学需氧量、营养盐含量和水底基质状况等因素有关。一般来说,每种水生植物都有其适宜生长的温度范围,低于或高于其适宜温度,水生植物会生长不良,甚至死亡。挺水植物需要利用光照进行光合作用,而沉水植物则在底层光照强度大于昼夜光补偿点时才能得以生存和发展。水体透明度主要对沉水植物产生影响,只有水体透明度在一定程度内,水体底层才能提供足够的光照强度满足沉水植物的生长需求。化学需氧量能反映水体的污染状况,水生植物能够耐受一定程度的水体污染并起到清洁水质的作用,但是过度的污染将对水生植物尤其是沉水植物会造成致命打击。营养盐是水生植物生长必需的基本元素,尤其是 N 和 P 的适宜浓度对于水生植物的生长和分布十分重要。底泥的密度与沉水植物的扎根能力和扎根深度密切相关,而底泥中营养物质的含量影响水生植物组织对于营养物质的吸收、传输和迁移,尤其是磷酸盐的含量对水生植物的生长更加重要。

### 4.2.3 底栖动物与环境要素

#### 4.2.3.1 底质

底栖动物的分布和物种组成在很大程度上取决于底质类型(Beisel et al., 1998),底质的粒径大小、表面性质、稳定性、颗粒间隙、适宜性等特性对底栖动物的影响尤其显著(Thomson et al., 2004;段学花, 2009)。底质任何形式的不稳定对于底栖动物都是不利的,将会降低底栖动物的密度、生物量和物种丰度。部分研究结果表明,每种底质都支持着一组特定的底栖动物群,这表明底栖动物群并不是物种的随机集合,而与底质等环境要素关系密切。一般而言,异质性高的底质环境中底栖动物物种丰度更高;松散底质中的底栖动物多样性高于密实底质。

#### 4.2.3.2 水文水动力条件

流速、水深和流量都对底栖动物的分布和行为具有很强的区分能力（Statzner et al.，1988；Thomson et al.，2002）。底栖动物大多具有喜流水和浅水的生活特性，有实验研究表明：基岩河床浅水区的底栖动物密度较深水区高。河流的水流机制（流速和流量）调控着河床底质颗粒大小，同时影响有机颗粒在底质的积累，进而影响底栖动物的栖息和摄食方式。

#### 4.2.3.3 沉积环境

底栖动物的地理分布也受到沉积环境的影响（Biggs，1994）。沉积环境中硫化物、有机质、总磷、总氮4项指标对于底栖动物的影响最为显著。沉积物中硫化物对底栖动物的新陈代谢至关重要，其丰富度对于河流底部生态环境可持续发展意义重大。沉积物中的有机质矿化过程大量耗氧，同时释放出C、N、P、S等营养盐，影响底栖动物的营养结构；有机质通过吸附、络合重金属形成有毒有机化合物，被底栖动物摄食后产生毒害作用。底栖动物从沉积物中吸收大量的磷（有机磷与无机磷）、无机氮盐以合成氨基酸、蛋白质等生命活动所需要的化合物，满足自身能量的需求。鉴于底栖动物与水体沉积环境间的作用关系，以及底栖动物移动性较弱的特点，研究人员经常将底栖动物作为水环境评价的指示生物。

### 4.2.4 鱼类与环境要素

#### 4.2.4.1 水温

鱼类是变温动物，大多数鱼类的体温与环境水温接近，因此水温对于鱼类的生活影响十分重要。气候寒冷区域多分布有冷水性鱼类；热带和温带主要分布有暖水性鱼种。在适当水温范围内，鱼类能够进行正常的生理活动；当水温上升时，鱼类体温随之上升，生理过程加速；温度变化超出鱼类耐受范围，鱼类就出现死亡现象。在自然界中，水温直接影响鱼类产卵、洄游以及休眠时期。青、草、鲢、鳙在水温超过 18℃ 以上才开始产卵,而大马哈鱼需要低于 12℃ 的水温。一些鱼类,如鲟鱼,会在冬季洄游到温度适宜的区域过冬,非洲的肺鱼在夏季高水温时期选择将身体埋入底泥休眠的方式度夏。

#### 4.2.4.2 盐度

盐度变化会迫使鱼类自身通过一系列生理变化来调整体内外渗透压的动态平衡,致使其生长存活、呼吸代谢、能量收支和生殖发育相关指标产生相应的变化。通常河流水体盐度在 0.5‰ 左右。盐度对淡水鱼的胚胎发育与孵化等具有明显的影响,鲤鱼胚胎和前期仔鱼发育的最佳孵化盐度为 1‰ 左右;草、青、鲢、鳙等的繁殖需要盐度为 3‰~6‰ 的水体。此外,盐度还对鱼类消化酶的活力、鱼类存活率、鱼体耗氧率等都有影响,不同鱼类需要不同范围的盐度值。

#### 4.2.4.3 溶解气体

溶解气体直接影响河流中鱼类的生存和各项生命活动的强度。溶解气体分为两大类:一类为有益气体,其直接支撑鱼类的生命活动,包括 $O_2$、$CO_2$;一类为有害气体,包括 $H_2S$、$NH_3$、$CH_4$ 等,其对于鱼类有毒害作用。河流生态系统中不同水域或同一水域的不同环境条件下,水体中的溶解氧含量差异很大。高纬度低水温河流环境溶解氧含量较高,静水环境水体含氧量较小,但含氧量都会发生季节性和昼夜的变化。研究表明,鱼类在 $CO_2$ 含量大于 1.6mg/L 且小于 60mg/L 的水体环境中生长速度和健康状态保持较为良好。地下水中 $N_2$ 含量较高,会因此造成鱼类气泡病和突眼症状。

#### 4.2.4.4 pH

鱼类适宜中性或弱碱性环境,一般鱼类能够生活的 pH 范围为 5.5~9.5。水体酸性过强会造成鱼类血液载氧能力下降,生长受到抑制或缺氧死亡。此外,酸性水体环境也会影响细菌、藻类和浮游动物的生长繁殖,通过食物链传递间接影响鱼类的生存。当水体 pH 超出极限范围时,鱼类的皮肤和鳃黏膜将受到损害。不同鱼类耐受的 pH 范围有所差异,鲑科鱼类对于水体 pH 的要求较为严格,而青、草、鲢、鳙耐受范围较宽泛。

### 4.2.4.5 水流节律

河流水流节律对于鱼类也有较为显著的影响。流量频繁变化可能造成鱼群中较小鱼类或鱼卵被水流冲走而死亡；流量节律的变化也可能造成本地种消失，外来种入侵；来水时间的改变会导致鱼类产卵、孵化和迁徙等激发因素中断，甚至改变鱼类的食物网结构。瑞典的研究表明，调峰电站运行时突然减少河流流量会使幼鱼搁浅，进而致使大量鱼类死亡。

## 4.3 典型河流生态系统生境条件及生物群落组成

### 4.3.1 各地质年代河流生态系统的生境条件

Davis（1899）提出地貌侵蚀旋回理论（图4-1），认为地貌是构造运动、外力作用和时间3个可变因素的函数，并假定地貌经历地势抬升的幼年期、地貌类型复杂的壮年期和地势平缓的老年期。河流提供流水外力作用，通过泥沙侵蚀、搬运和堆积运动塑造地貌。幼年期河流河谷深切，多为V形峡谷；壮年期河谷加宽，侧向侵蚀加剧；老年期河流水系广泛发育，河谷坡降较缓，断面宽浅，河道自由摆动，堆积作用强烈。

图4-1 地貌侵蚀旋回理论示意图

依据河流生态系统综合分类层次结构，从地质年代上划分，现代河流多数属于第四纪以来发育的河流，偶见新近纪以来形成的河流。在更加远久的地质年代发育的河流，其气候和地质地貌类型与现代河流有所差异，在部分地区分布的岩层中尚存遗留的河流迹象。以鱼类为例，中生代泥盆纪时期鱼类繁盛，但从中生代白垩纪才出现现代鱼类，一些原始鱼种趋于绝灭或仅有少数种类遗留。

## 4.3.2 各地理气候区河流生态系统的生境条件

不同地理气候区域的河流生态系统水热条件迥异。热带亚热带湿润区河流全年水温较高，水量充沛，无结冰期；稳定的气候环境供养了丰富的水生物种，生物生命周期较长，岸边植被发育茂盛。较为典型的热带亚热带湿润区河流，如南美洲的亚马孙河和中国海南的万泉河（图4-2）。

(a)亚马孙河　　　　　　　　(b)万泉河

图 4-2　热带亚热带湿润区河流示意图

温带河流生态系统水温季节性变化明显，有结冰期，水量变化受降雨季节性变化影响，水流泥沙含量由地表覆被条件决定，河流水生生物种类较为丰富多样，其中广温种广泛分布。例如，中国内蒙古的海拉尔河流经呼伦贝尔大草原，河谷开阔，河道迂回弯曲，自然生态环境保存较为良好，夏季和冬季呈现出不同的河流自然景观（图4-3）。

寒带河流生态系统全年水温较低，结冰期长于5个月。河流流经多年冻土层，河道下切较浅，地表水与地下水交换较少，主要分布耐寒性水生生物，如加拿大魁北克省北部的圣劳伦斯河和西伯利亚的河流等都是较为典型的寒带河流（图4-4）。

高山高原区河流生态系统分布的地理位置及气候类型多样，并存在垂直气候分层现象，水生生物多为适应极端气候物种。中国长江上游段青藏高原的沱沱河和金沙江是较为典型的高山高原区河流（图4-5）。

(a)夏季的海拉尔河

(b)冬季的海拉尔河

图 4-3  温带河流示意图

(a)圣劳伦斯河

(b)西伯利亚的河流

图 4-4  寒带河流示意图

(a)沱沱河

(b)金沙江

图 4-5  高山高原区河流示意图

## 4.3.3  各水源补给类型河流生态系统的生境条件

雨水补给是河流生态系统较为常见的水源补给方式。降雨季节变化相应造成河流水量的季节性丰枯变化，大规模降雨会造成河道水位的快速涨落，降雨过程中及之后一定时期内形成洪水。中国东南沿海地区的一些河流，雨水补给量占河流总水量的比重很大［如图 4-6（a）所示的浙江义乌大陈河］；较为寒冷的东北地区河流，雨水补给也能占总水量来源的一半以上［如图 4-6（b）所示的鸭绿江］。

(a)浙江义乌大陈河　　　　　　　　(b)鸭绿江

图 4-6　雨水补给型河流示意图

地下水补给与河流生态系统所在地区的降雨量有一定的关系，也与河流流经的地貌类型有关。黄土高原地区地表覆被松散，地下水系广泛发育，河床下切较深，因此地下水补给量较大，如无定河［图 4-7（a）］。岩溶地貌区河流，地下水系丰富，地下水补给量占河道来水量的大部分，典型的代表性河流如广西桂林漓江［图 4-7（b）］。

(a)无定河　　　　　　　　(b)漓江

图 4-7　地下水补给河流示意图

部分河流生态系统以湖泊沼泽作为河水补给来源。河流水量、流速和水质等均受到补给湖泊和沼泽条件的影响。此类河流水量变幅通常较小，如中国长江南源当曲［图 4-8（a）］以及德国石荷州的 Unterer Schierenseebach 河［图 4-8

(b)] 都是典型的湖泊沼泽补给河流。

(a)长江南源当曲

(b)Unterer Schierenseebach河

图 4-8　湖泊沼泽补给河流示意图

冰川融雪是河流生态系统的一种重要补给方式，补给量的多少受气温影响很大。在中国西北和西南地区，高山永久积雪和冰川融水是该区域河流的主要水源补给方式［如图 4-9（a）所示的天山西段河流］；在中国东北地区，融雪补给量占全年径流量的较大比例［如图 4-9（b）所示的黑龙江］。

(a)天山西段河流

(b)黑龙江

图 4-9　冰川融雪补给河流示意图

## 4.3.4　各地貌条件区河流生态系统的生境条件

部分河流流经岩溶地貌区，由于水流的强烈侵蚀作用，加速岩溶地貌的发育，水流下渗形成丰富的地下水系，水体中 $Ca^{2+}$ 和 $HCO_3^-$ 浓度高，喜碳酸钙物种广泛分布。在中国云贵高原的北盘江和漓江是典型的岩溶地貌区河流（图 4-10）。

(a)北盘江

(b)漓江

图 4-10　岩溶地貌区河流示意图

河流流经黄土地貌区，由于黄土颗粒粒径小且松散易于侵蚀和搬运，水流泥沙含量较高，颜色多呈现黄褐色。高含沙量造成水体透明度下降，细砂底质减少底栖生存空间，因此，此类河流生态系统生物多样性较低。中国黄河部分河段为典型的黄土高原区河流，图 4-11（a）为黄河青藏高原黄土地貌区积石峡河段，图 4-11（b）为黄河甘南河段。

(a)黄河青藏高原黄土地貌区积石峡河段

(b)黄河甘南河段

图 4-11　黄土地貌区河流示意图

由于多年冻土层的存在，流经冰川冻土区的河流下切不深，较少出现峡谷型河流，河道比降较小；底质多为碎屑质组成，大小混杂缺乏分选；滨河无大型植被，苔藓广泛发育。南极的小河［图 4-12（a）］和流经青藏高原多年冻土区的拉萨河［图 4-12（b）］都较为典型。

其他流水地貌河流生态系统指除流经岩溶、黄土和冰川冻土区以外的各类地貌形态河流。依据泥沙输移方式的不同，可细分为侵蚀区、搬运区和沉积区

| 第4章 | 典型河流生态系统特征分析

(a)南极的小河

(b)拉萨河

图4-12 冰川冻土区河流示意图

河流。由于地表物质来源差异，泥沙源强不同，将造成河流生态系统中泥沙含量的变化。对于泥沙源强较大的河流，分别以中国金沙江的中上游段［图4-13（a）］、黄河内蒙古包头段［图4-13（b）］和黄河河口段［图4-13（c）］作为侵蚀、搬运和沉积地貌条件区的典型代表；对于泥沙源强相对较弱的河流，分别以雅砻江上游［图4-14（a）］、汉江［图4-14（b）］和长江河口三角洲区段［图4-14（c）］作为侵蚀、搬运和沉积地貌条件区的河流典型代表。此外，亚马孙河流上游侵蚀段［图4-15（a）］、中游泥沙输移段古欣河［图4-15（b）］及其河口沉积区［图4-15（c）］也具有典型性和代表性。

(a)金沙江中上游段

(b)黄河内蒙古包头段

(c)黄河河口段

图4-13 泥沙源强较大的侵蚀、搬运、沉积地貌条件区河流示意图

(a)雅砻江上游

(b)汉江

(c)长江河口三角洲

图4-14 泥沙源强较弱的侵蚀、搬运、沉积地貌条件区河流示意图

(a)上游侵蚀段

(b)中游泥沙输移段古欣河

(c)河口沉积区

图 4-15 亚马孙河各区段河流示意图

## 4.3.5 各平面形态河流生态系统的生境条件

顺直型河流（图 4-16）通常发育在河岸侧向侵蚀受限的区域，为强制形态或暂存形态。弯曲型河流（图 4-17）是最为常见和稳定的河型，断面形态多分布有凸岸浅滩和凹岸弯顶处附近冲刷型深槽；浅滩为鱼类等水生生物提供觅食和产卵场所，而深潭多作为营养物质的贮存区和鱼类庇护区域。网状型河流（图 4-18）水量较为稳定；游荡型河流（图 4-19）多呈现沙洲密布、流路散乱甚至多汊交错的状况，通常冲淤变化剧烈。

图 4-16 顺直型河流

图 4-17 弯曲型河流

图 4-18 网状型河流

图 4-19 游荡型河流

## 4.3.6 典型河流生态系统的生物群落组成

各类型河流生态系统为水生生物群落提供了具体的生境条件，表现出差异性的生态特征。依据河流生态系统综合分类的河流类别划分以及河流水生生物群落与环境要素的作用关系，表4-1和表4-2预测了各类型河流生态系统中可能出现的水生生物的广适种、气候种和地方特有种，分类级别大部分到"属"，部分划分至"科"或"种"。

**表4-1　典型河流生态系统的生物群落组成**

| 河流系 | 河流统 | 河流类型 ||||| 
|---|---|---|---|---|---|---|
| | | 岩溶地貌区河流 | 黄土地貌区河流 | 冰川冻土地貌区河流 | 其他流水地貌区河流 ||
| | | 岩基底质 | 粉砂底质 | 冰碛底质 | 粗底质 | 细底质 |
| 热带亚热带湿润区河流 | 雨水补给河流<br>地下水补给河流 | $P_1, A_1, F_1, M_1$<br>急流种↑<br>（顺直或弯曲） | — | — | $P_1, A_1,$<br>$F_1, M$ | $P_1, A_1,$<br>$F_1, M_5$<br>（网状） |
| 温带气候区河流 | 雨水补给河流<br>地下水补给河流<br>冰川融雪补给河流 | — | $P_2, A_2, F_2, M_2$<br>物种↓<br>（弯曲或游荡） | — | $P_2, A_2,$<br>$F_2, M_4$ | $P_2, A_2,$<br>$F_2, M_5$<br>（网状或游荡） |
| 寒带气候区河流 | 雨水补给河流<br>冰川融雪补给河流 | — | — | $P_3, A_3,$<br>$F_3, M_3$ | — | — |
| 高山高原区河流 | 湖泊沼泽补给河流<br>冰川融雪补给河流 | $P_4, A_4,$<br>$F_4, M_1$<br>（顺直或弯曲） | — | $P_4, A_4,$<br>$F_4, M_3$ | $P_4, A_4,$<br>$F_4, M_4$ | $P_4, A_4,$<br>$F_4, M_5$ |

注：P代表水生植物；A代表浮游藻类；F代表鱼类；M代表底栖动物；1~5为类型编号；↑表示物种丰度较大，↓表示物种丰度较小；"—"为缺乏可信研究资料支持而无预测内容

表 4-2　河流生态系统生物群落的物种组成

| 物种 | 编号 | 代表性物种 |
|---|---|---|
| 水生植物 P | P₁ | 芋属（Colocasia）；赤箭莎属（Schoenus）；田基麻属（Hydrolea）；水竹叶属（Murdannia）；曲籽芋属（Cytosperma）；膜稃草属（Hymenachne）；川苔草科（Podostemaceae）；睡莲（Nymphaea）；尖喙莎亚属（Baumea）；珍珠茅亚属（Scleria）；凤眼莲属（Eichhornia）；花叶万年青属（Dieffenbachia）；囊颖草属（Sacciolepis）；爵床科（Justicia）；水鳖科（Hydrocharitaceae）；隐棒花属（Cryptocoryne）；刺芋属（Lasia）；竹叶蕉属（Donaw）；柊叶属（Phrynium） |
|  | P₂ | 驴蹄草属（Caltha）；泽泻科（Alismataceae）；萍蓬草属（Nuphar）；黑三棱属（Sparganium）；萍科（Pilularia）；刺果泽泻属（Echinodorus）；芹属（Apium）水生组（Helosciadium）；茨藻科（Najadaceae）；海菜花属（Ottelia）；眼子菜科（Potamogetonaceae）；香蒲（Typhaceae）；菖蒲（Acorus calamus）；天山泽芹属（Berula）；小花灯心草（Juncus articulatus）；毛茛属（Ranunculus） |
|  | P₃ | 睡莲科驴蹄草，如水葵（Caltha）；慈姑属（Sagittaria）；沼生菰属（Zizania）；睡莲属黄睡莲（Nuphar）等 |
|  | P₄ | 苦草（Vallisnerias piralis）；海菜花属（Ottelia）；金鱼藻属（Ceratophyllum）；莲子草属（Alternanthera）；菖蒲属（Acorus）；薄荷属（Mentha）；灯心草属（Juncus）；水马齿属（Callitriche）；眼子菜属（Potamogeton）；毛茛属（Ranunculus）等 |
| 浮游藻类 A | A₁ | 硅藻门中以舟形藻属（Navicula）、圆筛藻属（Coscinodiscus）、根管藻属（Rhizosolenia）、角毛藻属（Chaetoceros）；甲藻门中的角藻属（Ceratium）、原甲藻（Prorocentrum）等 |
|  | A₂ | 硅藻门曲壳藻属（Achnanthes）；桥弯藻属（Cymbella）；短缝藻属（Eunotia）；舟形藻属（Navicula）；菱形藻属（Nitzschia）；针杆藻属（Synedra）等 |
|  | A₃ | 伊乐藻属（Elodea）；杉叶藻属（Hippuris）；轮藻属（Chara）；狐尾藻属（Myriophyllum） |
|  | A₄ | 硅藻门曲壳藻属（Achnanthes）；桥弯藻属（Cymbella）；短缝藻属（Eunotia）；舟形藻属（Navicula）；菱形藻属（Nitzschia）；针杆藻属（Synedra）；轮叶黑藻（Hydrilla verticillata） |

续表

| 物种 | 编号 | 代表性物种 |
|---|---|---|
| 鱼类 F | F$_1$ | 鲤科骨唇鱼属（*Osteochilus*）、圆唇鱼属（*Cyclocheilichthys*）；鳅科花鱼属（*Paralepidocephalus*）、横口鳅属（*Crossostoma*）、小吻鱼属（*Lepturichthys*）；鮡科鮠属（*Liobagrus*）；鲤科乌鲤；斗鱼科（Ospromenudae）斗鱼属（*Macropodus*） |
| | F$_2$ | 鲤科鲤属（*Cyprinus*），如丁鲷（tench）；鲫属（*Carassius*）；鳊属（*Parabramis*）；鲂属（*Megalobrama*）；草鱼属（*Ctenopharyngodon*）；鲢属（*Hypophthalmichthys*）；鳙属（*Aristichthys*）；此外还可能有鲑属、哲罗鱼属、马哈鱼属，如北美溪鳟（Brook trout）、河鳟（grayling）、白鲑（chub）；杜父鱼属大头鱼（bullhead）；鳅属石泥鳅（stone loach）；鲶科触须白鱼（barbel）；剑齿鱼属（*Anotopterus*）；梭子鱼（pike）；河鲈科（Percidae）；八目鳗科七鳃鳗（lamprey）；鲟科鱼（sturgeon） |
| | F$_3$ | 刺鱼科（Gasterosteidae）；鲟属（*Acipenser*）；鳅科八须泥鳅（*Lefus costata*）、七鳃鳗属（*Lampetra japonica*）；马苏大麻哈鱼（*Oncorhynchus masou*）、哲罗鱼（*Hucko taimen*）、白鲑属（*Coregonus*）；茴香鱼科茴香鱼属（*Thymallus*），如北极茴鱼；胡瓜鱼科（Osmerudae）胡瓜鱼属（*Osmerus*）、公鱼属（*Hypomesus*）；狗鱼科（Esocidae）狗鱼（*Esoxreicherti*）；鳕科（Gadidae）江鳕属（*Lota*）；鲟科鳇属（*Huso*）等 |
| | F$_4$ | 鲤科的奇鳞鱼属（*Schizothotax*）、细鳞鱼属（*Schizopygopsis*）、裸鲤属（*Gymnocypris*）、黄瓜鱼属（*Diptychus*）、弓鱼属（*Racoma Sinensis*）、野鲮属（*Labeo*）；鳅科巴鳅属（*Barbatula*）、平鳍鳅科（*homalopteridae*）、条鳅（*Nemacheilus*） |
| 底栖动物 M | M$_1$ | 蜉蝣目（Ephemeroptera）的细蜉属（*Caenis*）、四节蜉属（*Baetis*）、寡脉蜉属（*Oligoneuriella*）、河花蜉属（*Potamanthus*）；襀翅目（Plecoptera）的 *Brachyptera braueri*、石蝇属（*Perla*）；鞘翅目（Coleoptera）的 *Stenelmis canaliculata*；异翅亚目（Heteroptera）的 *Aphelocheirus aestivalis*；毛翅目（Trichoptera）的 *Silo piceus*、*Sericostoma schneideri*、纹石蛾属（*Hydropsyche*）；双翅目（Diptera）的 *Atherix ibis*；蜻蜓目（Odonata）的 *Onychogomphus forcipatus* 等 |
| | M$_2$ | 蜉蝣目（Ephemeroptera）的 *Ephemera*；毛翅目（Trichoptera）的 *Philopotamus*、*Molanna* 等 |

续表

| 物种 | 编号 | 代表性物种 |
|---|---|---|
| 底栖动物 M | $M_3$ | 蜉蝣目（Ephemeroptera）的四节蜉属（*Baetis*）、高翔蜉属（*Epeorus*）、三叉扁蚴蜉属（*Ecdyonurus*）；襀翅目（Plecoptera）的石蝇属（*Perla*）、网襀属（*Perlode*）；鞘翅目（Coleoptera）的 *Hydraena*；毛翅目（Trichoptera）的 *Micrasema*、*Philopotamus*；广翅目（Megaloptera）的鱼蛉科（Corydalidae）、泥蛉科（Sialidae）；蜻蜓目（Odonata）的伪蜻属（*Cordulegaster*）、*Gomphus* |
| | $M_4$ | 蜉蝣目（Ephemeroptera）的四节蜉属（*Baetis*）、高翔蜉属（*Epeorus*）、三叉扁蚴蜉属（*Ecdyonurus*）、溪颏蜉属（*Rhithrogena*）、短丝蜉属（*Siphlonurus*）、寡脉蜉属（*Oligoneuriella*）、细蜉属（*Caenis*）、河花蜉属（*Potamanthus*）、扁蜉属（*Heptagenia*）；襀翅目（Plecoptera）的石蝇属（*Perla*）、网襀属（*Perlodes*）、短尾石蝇属（*Nemoura*）、倍叉属（*Amphinemura*）；鞘翅目（Coleoptera）的 *Ochthebius*、*Hydraena*、*Dryops*、*Elmis*；异翅亚目（Heteroptera）的小划蜷属（*Micronecta*）、*Aphelocheirus*；毛翅目（Trichoptera）的原石蛾属（*Rhyacophila*）、舌石蛾属（*Glossosoma*）、纹石蛾属（*Hydropsyche*）、*Eccliscopteryx*、*Agapetus*、*Micrasema*、*Potamophylax*、*Lasiocephala*、*Tinodes*；双翅目（Diptera）的 *Liponeura*；脉翅目（Neuroptera）的 *Osmylus*；蜻蜓目（Odonata）的河螅属（*Calopteryx*）、*Onychogomphus*、伪蜻属（*Cordulegaster*）、*Gomphus* 等 |
| | $M_5$ | 蜉蝣目（Ephemeroptera）的 *Leptophlebia*、细蜉属（*Caenis*）；襀翅目（Plecoptera）的 *Aeshnacyane*、*Pyrrhosoma*、*Leutra*、短尾石蝇属（*Nemoura*）；毛翅目（Trichoptera）的 *Ceraclea*、*Trichostegia*、*Phryganea*、*Limnephilus*；蜻蜓目（Odonata）的伪蜻属（*Cordulegaster*）等 |

热带亚热带湿润区河流在澳大利亚、马来西亚、美国多个州（如佛罗里达州、佐治亚州、阿拉巴马州和密西西比州等）、中国秦岭以南部分地区（如广西、海南）、印度和泰国等地区均有分布。其中，热带亚热带湿润气候区岩溶地貌河流多呈现顺直或弯曲型河道，由于跌水和冲刷性深潭分布较广，急流性水生生物丰度高；水质多为碳酸性，耐受高浓度碳酸水质和石灰石底质的物种广泛分布。此类河流主要生存有 $P_1$、$A_1$、$F_1$ 和 $M_1$ 等水生生物（张春霖，1954；Potapova and Charles，2005；Growns and West，2008；Pesch and Schroeder，2008；Borja et al.，2009）。热带亚热带湿润气候区流水地貌粗底质河流多分布于山区，河型为顺直、弯曲或游荡型，底质多为岩基、卵石和大砾石，穴居和

居岩缝物种丰度较高，主要分布的水生生物为 $P_1$、$A_1$、$F_1$ 和 $M_4$（张春霖，1954；Potapova and Charles，2005；Davy et al.，2006；Growns and West，2008；Pesch and Schroeder，2008；Borja et al.，2009）。热带亚热带湿润气候区流水地貌细底质河流多分布于冲积平原，多为弯曲和网状型河道，河岸植被发育茂盛，河道水量充沛，河道底质多为细砾石、沙和黏土有机质，主要分布的水生生物包括 $P_1$、$A_1$、$F_1$ 和 $M_5$（张春霖，1954；Potapova and Charles，2005；Davy et al.，2006；Verdonschot，2006；Growns and West，2008；Pesch and Schroeder，2008；Borja et al.，2009）。

温带气候区河流在美国的大部分地区、欧洲部分大陆地区和东部区域以及中国东部均有分布。以北莱茵河为例，其流经不同的地貌条件区。温带黄土地貌区河流（如北莱茵河部分河段）主要为弯曲和游荡型河道，河流的细沙黏土底质没有为大型底栖动物提供足够的生存空间，加之高含沙量不利于生物生存，此类河流的水生物种多样性很小，主要分布有 $P_2$、$A_2$、$F_2$ 和 $M_2$ 等物种（Leland，1995；Pan et al.，1995；Van and Hughes，2000；Pont et al.，2009）。温带流水地貌区粗底质河流（如北莱茵河部分河段）多为顺直、弯曲和游荡型河流，水流湍急，河道底质颗粒粒径较粗，较多浅滩和急流区交替出现，推移质输沙为主，动水与静水种均占优，主要分布有 $P_2$、$A_2$、$F_2$ 和 $M_4$（Leland，1995；Van and Hughes，2000；Verdonschot and Nijboer，2004；Pont et al.，2009）。温带流水地貌区细底质河流（如北莱茵河部分河段）多出现在河流的中下游河段，河道底质为沙、黏土和有机质等，网状河道较为多见，主要分布物种为喜细沙物种，包括 $P_2$、$A_2$、$F_2$ 和 $M_5$ 等（Leland，1995；Van and Hughes，2000；Verdonschot and Nijboer，2004；Pont et al.，2009）。

寒带河流分布在极地气候地区。此类河流（如南极洲小河）主要流经冰川冻土地貌，河道底质多为冰碛沉积物，因此水流紊动较为剧烈，水温全年较低，地下水与地表水连通性较差，物种多样性低，主要为一些耐寒种，如 $P_3$、$A_3$、$F_3$ 和 $M_3$（Pip，1979；Taylor，2004；Griffith et al.，2005；Verdonschot，2006）。

高山高原区河流在美国的加利福尼亚州、内华达州、科罗拉多州、犹他州、怀俄明州和中国的西藏、云南等区域等均有分布，此类河流可以分布于任何气候带，因此物种与前面列举的物种部分重叠，但是由于气候垂直地带性影响，各类河流又具有特有种。高山高原区岩溶地貌河流（如北莱茵河部分河段）主要指分布于温带地区的岩溶地貌河流，河道多为顺直或弯曲型。主要分布有 $P_4$、$A_4$、$F_4$ 和 $M_1$ 等水生生物（Hill et al.，2001；Griffith et al.，2005；Borja et al.，2009）。高山高原区冰川冻土地貌区河流多流经较老冰碛，呈现从蜿蜒到笔直的渠道形态，以阿尔卑斯山河流上游段最为典型，代表性水生生物为 $P_4$、$A_4$、$F_4$ 和 $M_3$（Hill et al.，2001；Griffith et al.，2005；Verdonschot，2006）。高山高原区流水地貌粗颗粒底质河流（峡谷区河段）呈现顺直或弯曲河道形态，以岩基、卵石和粗砾石底质占优，水流湍急，主要的水生生物为 $P_4$、$A_4$、$F_4$ 和 $M_4$（Hill et al.，2001；Verdonschot and Nijboer，2004；Griffith et al.，2005；Verdonschot，2006）。高山高原区流水地貌细颗粒底质河流（如西藏雅鲁藏布江水系小河），主要分布的水生生物为 $P_4$、$A_4$、$F_4$ 和 $M_5$（Hill et al.，2001；Griffith et al.，2005；Verdonschot，2006）。

# 第 5 章 人类活动干扰对河流生态系统的影响

## 5.1 河流生态系统与人类活动的发展关系

### 5.1.1 干扰与河流生态系统演变

干扰是自然界的一种频发现象，能够直接或间接影响河流生态系统的演变过程。干扰既可以是有益于河流生态系统良性循环的正效应，也可以是损害河流生态系统健康的负效应。干扰按照来源分为自然扰动和人工扰动。自然扰动包括地震、火山爆发、洪水泛滥、台风、病虫害等自然现象，当自然扰动发生于人烟荒芜的地区，通常被视作自然界的一种快速演替；当自然扰动出现在人口密集的区域，这些自然现象则会危害人类的生产和生活而被称为自然灾害。人工干扰是人类有目的的扰动行为，如森林砍伐、过度放牧、围湖造田、修筑大坝、变更土地利用结构等。从人类角度出发，人类活动是生产或生活行为，一般不称为干扰，但对于自然生态系统来说，人类的各类活动均是一种干扰。此外，依据干扰的形成机制，可分为物理干扰、化学干扰和生物干扰；考虑干扰的传播特征，干扰也可以分为局部干扰和越界干扰。

人类活动的干扰与自然界的灾害本质上是类似的，干扰与灾害同样造成河流生态系统演替规律的改变，而干扰也具有独有的特征。人类活动干扰从尺度、强度和出现周期等方面均较自然扰动更为强烈。首先，人类活动干扰的空间尺度变化幅度较大，既可能是针对局部河段的扰动，也可能是面向整个流域的人工扰动；既可能影响某个物种的种群数量，也可能改变了整个群落的物种结构。其次，人类活动干扰的强度在较小时间尺度上表现更加剧烈。河流生态系统呈现的景观面貌通常是经过漫长的历史时期演化得到的，而人类通过土木工程等技术手段，可以在很短的时间内塑造出近天然的河流形态；人类活动干扰也能在短时间内造成突发事件，如物种的灭绝。最后，人类干扰的出现周期更短，频率更高。人类通过河流生态系统获取资源，利益的驱使造成人类活动扰动的周期缩短，频率提高，进而造成河流生态系统资源结构的改变。

人类活动干扰具有不可替代的生态学意义，其可以看作是对生态演替的再调节过程。在通常情况下，生态系统沿着一定的规律发展演化，人类干扰的出现则可能中断或改变自然进程。首先，人类活动干扰可以对河流水文情势造成影响。人为取用水行为减少了河川径流量；建设用地扩张、裸地或不透水面积增加等城市化过程则加速了河流生态系统退化过程并改变了河流水文情势；河流护堤、护岸或大坝等防洪设施的修筑，使河势不仅仅受控于水沙条件，水文节律发生了巨大改变。其次，人类活动干扰对河道形态产生了影响。以防洪及航运为目的的河道裁弯取直行为，将河流形态规则化和单一化，降低了河流生态系统生境类型的丰度程度；人类活动范围的扩展尤其是对土地面积的无限制追求，大大缩减了河流生态系统的水域面积，直接导致了河流生态系统的退化。再次，人类活动干扰不仅改变河流水环境本底化学特征，也通过输入污染负荷造成了河流水质恶化。最后，人类活动干扰可能通过过度捕捞、外来物种输入等行为直接作用于河流生态系统的水生物种，产生生态胁迫。

## 5.1.2 河流治理与修复的阶段划分

河流治理与修复是协调人类与河流生态系统关系的重要手段，是正面良性的人类活动干扰，可有效缓解河流生态系统受到的胁迫。纵观人类与河流生态系统关系的发展和演化，大致经历了原始文明、农业文明、工业文明和生态文明4个历史阶段。面向不同历史时期，河流治理与生态修复具有差别性的理念和内涵。

在漫长的原始文明阶段，人类傍水而居，对河流的利用仅局限在简单的农业灌溉和日常生活取水。在这一时期，河流生态系统的诸多功能尚未被人类认识、开发和利用。人类对于河流自然灾害的防御能力很弱，因此当洪水发生时，人类多以主动避让为主。即使在复杂多变的外部条件下，河流生态系统不受或较少受到人类活动的影响，因此人类与河流基本处于和谐共处状态。对于河流生态系统演化历史过程而言，这一阶段忠实地记录了河流生态系统追求动态"平衡"的轨迹，从而为河流治理与修复研究留下了宝贵的参照体系。

人类进入农业文明阶段的一个重要标志是开始尝试征服洪水的各种手段，并且在农业灌溉技术方面取得了革命性的突破。拥有灌溉技术的部落能从河道中取水浇灌农田，提升了农产品的产量，新的农业系统逐渐形成。据史料记载，埃及第四王朝的法老在治理尼罗河泛滥的过程中建设了蓄水池；类似于尼罗河文明，印度中世纪高棉帝国的形成也仰仗于河水的浇灌；中华文明发源于黄河中上游，正是黄河水肥沃了中原农业区，借助于灌溉手段，削弱了季风气候带来的收成影响。但是，由于人类改造自然的能力有限，对于河流生态系统的开发利用仅仅局限于小范围、低程度内，河流生态系统受到的负面干扰能够通过自我调节能力恢复到平衡状态。

随着人口增长和工农业的发展，人类对河流生态系统的控制措施提出了更高的要求。采用工程方法开发利用河流的实践不仅局限于防洪和灌溉，开始向河流利用的供水、发电、航运等方面拓展，人类对河流的控制也经历了从单纯防洪到多功能开发利用的过程。进入工业文明阶段标志着更多的河流功能为人类所认识和开发，人类从被动转向主动利用河流的各种功能。河流污染是人类对河流不当利用和控制的主要负面后果之一。由于水质恶化，使除泄洪、航运和发电功能以外的其他大多数功能受到损害，并直接影响到河流生态系统的健康和存亡。

在生态文明阶段，随着人类文明的进步，人们对所处自然和社会环境的要求也越来越高，不仅希望山青水美、生态环境良好，而且开始追求人与自然、人与人之间的和谐相处。在饱尝因河流不当开发造成的恶果后，人类的生态意识不断提高，人类对河流的认识发生实质性的飞跃，如何持续维护河湖健康已成为当今重要的治河理念，河流生态环境逐渐步入良性循环的可持续发展轨道。在这个时期，河流的生态支持功能、淡水供给功能以及景观娱乐功能受到更多关注，针对河流生态系统的综合治理与修复成为热点。

## 5.2 人类活动干扰对河流水文情势的影响

### 5.2.1 河川径流量减少

河川径流量减少表现出的生态胁迫主要体现在以下两个方面：① 对于生态径流的威胁。河川径流是气候与流域下垫面条件综合作用的产物。近年来，全球河川径流量呈现下降趋势，以生态径流减少尤为明显。人类取用水行为造成的河道水资源枯竭作用不可小觑。高强度的人类活动干扰显著改变了河道径流的天然水循环路径，甚至破坏了自然主循环的基本生态功能和环境服务功能。在一些地区社会经济用水严重挤占生态环境用水，河道水资源存在过度开发现象，社会经济的快速发展是以牺牲生态环境为代价。此外，全球变暖也是造成生态径流减少的重要原因。研究表明，气温每升高1℃，全国工业冷却水量将增加1%~2%，城市生活需水将增加1.0%~1.5%；在气温升高1~2.5℃，降水增加3%~5%的情况下，北方地区的农业需水量将增加5%~10%，使得水资源短缺形势更加严峻。② 对于地下水的威胁。在地表径流量持续衰减的情况下，水资源供需矛盾加剧，地下水超采严重，地下水位持续下降，透支地下水资源不仅造成地下水供水能力的衰减，还可能导致地面沉降等地质灾害的发生，危及生态安全。

根据《全国水资源综合规划》统计，全国因供水不足而不能满足的河道外合理用水需求多年平均为189亿 $m^3$，超采地下水和挤占河道内生态环境用水而形成不合理的供水为347亿 $m^3$。人类活动干扰强烈的区域，如在我国海河流域，现状水资源开发利用率已超过100%，即侧支水循环通量已超过了自然主循环的一次性径流通量，致使流域内呈现出有河皆干、地下水超采漏斗遍布的严峻态势。

### 5.2.2 城市化水文效应

流域内的土地利用是人类活动干扰影响河流生态系统的一条主要途径。土地利用类型包括农用地、园林用地、森林用地、城镇用地、交通用地、水域和未开发利用地等，其中城镇用地、交通用地和未开发利用地是强人类活动干扰区域。城市化过程是土地利用和人口从农村向城市类型的转化，具体表现为建设用地扩张，城市及远郊大量农田、草地、林地和湖泊被不透水地面取代，以及农村人口向城市聚集等。城市化产生的水文效应主要体现在以下两个方面：①对于洪水安全的威胁。流域植被覆盖面积减少和不透水面积增加影响河流的水文过程，导致径流总量增长，洪水重现期缩短，洪峰流量增大和基流量改变等。由于流域城市化改变河流的天然水文特性，加之流域内人口数量和经济活动频度增加，洪水风险也随之加大。部分研究已经表明流域不透水面积是导致河流水文过程改变的主要原因。Brath 等（2006）通过研究意大利的 Samoggia 河流域洪峰流量发现，随着土地利用类型的改变和人类活动干扰程度的加强，低重现期的洪峰流量出现频率显著提升。Olivera 和 DeFee（2007）研究 Whiteoak Bayou 河流域得出当流域不透水面积达到 10% 时，年径流深及洪峰流量分别增加了 146 % 和 159 %。White 和 Greer（2006）通过对美国 Los Penasquitos Creek 河流域数据分析指出当流域城市用地比例从 9 % 增长到 37%，中小日流量、枯水期径流量和洪水流量显著增加。② 对于水质安全的威胁。伴随着雨水径流的增加，雨水径流带来的污染规模将更加庞大。城市生活污水所包含的污染物种类繁多，工业废水的产生量也十分巨大，如果这些废污水未经有效收集和处理而直接排入城市河流，将造成严重的水体污染。美国环境保护署 1990 年公布的农业、工业、城市污水等不同污染源对于河流污染物的贡献比显示城市雨水径流占了 9 %。即使城市点源污染被严格控制，大量的面源污染也将由雨水径流挟带进入河流水体，造成污染物种类、数量和影响范围大幅度增加，对河流生态系统的水质安全维护产生巨大压力。

## 5.2.3 水文节律改变

大型水利工程的修建改变了天然河流的水文节律。由于受到水库削峰、滞洪作用影响，河流水文节律的年内和年际分布与天然规律有了较大差别，河川径流量、洪水特性（频率、尺度、强度）以及输沙量都将发生一定的改变，使河流生态系统处于新的状态。以长江为例，大型水库的修建在拦蓄洪水、提升航道等级、调峰减沙等方面起到重大作用，同时也极大地改变了河川径流的水文节律。选取长江干流上的屏山站、沙市站、城陵矶站、汉口站和大通站为代表性站点，分别对各站点的年均流量、年径流量、年均含沙量和年输沙量进行年际变化趋势分析（图5-1~图5-10）。1956~2006年长江干流各站点年均流量和年径流量变化趋势不显著，但城陵矶以下站点年均含沙量和年输沙量呈现显著下降趋势，体现了长江葛洲坝、三峡等大型水利工程调水拦沙等人类活动干扰的影响。

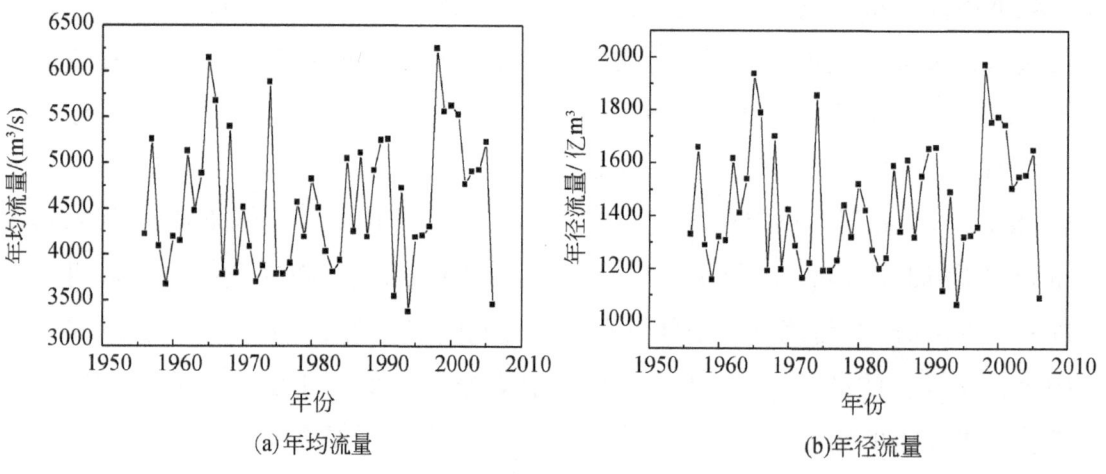

(a) 年均流量　　　　　　　(b) 年径流量

图 5-1　屏山站 1956~2006 年均流量和年径流量

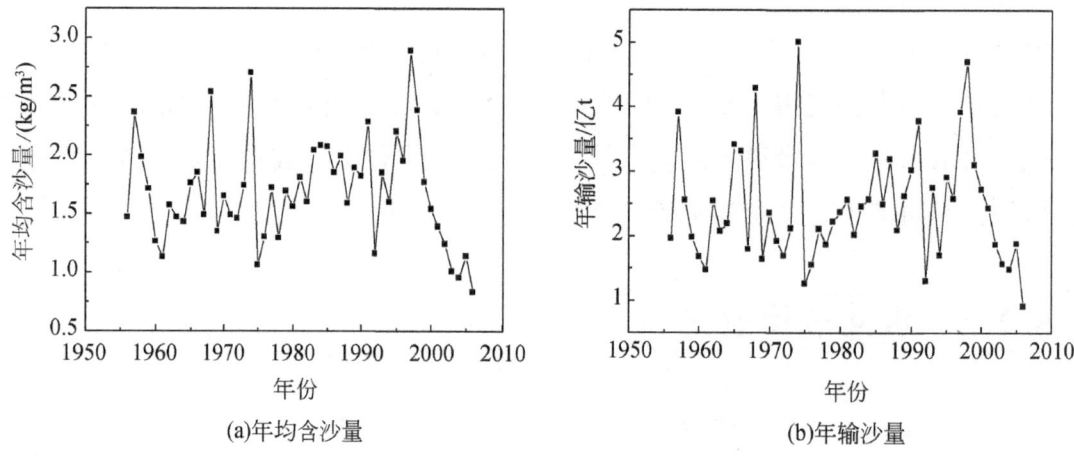

(a) 年均含沙量　　　　　　(b) 年输沙量

图 5-2　屏山站 1956~2006 年均含沙量和年输沙量

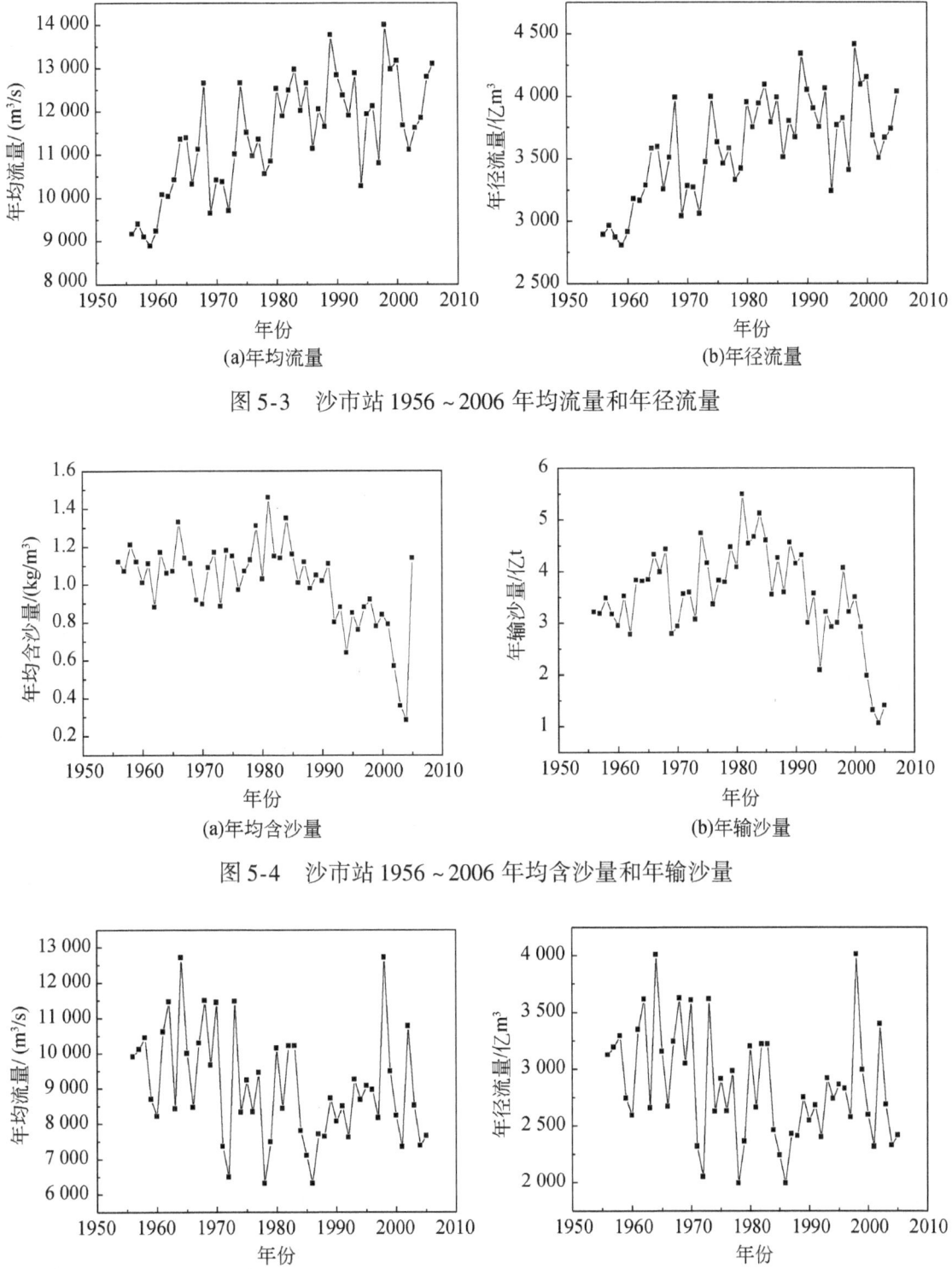

图 5-3 沙市站 1956~2006 年均流量和年径流量

图 5-4 沙市站 1956~2006 年均含沙量和年输沙量

图 5-5 城陵矶站 1956~2006 年均流量和年径流量

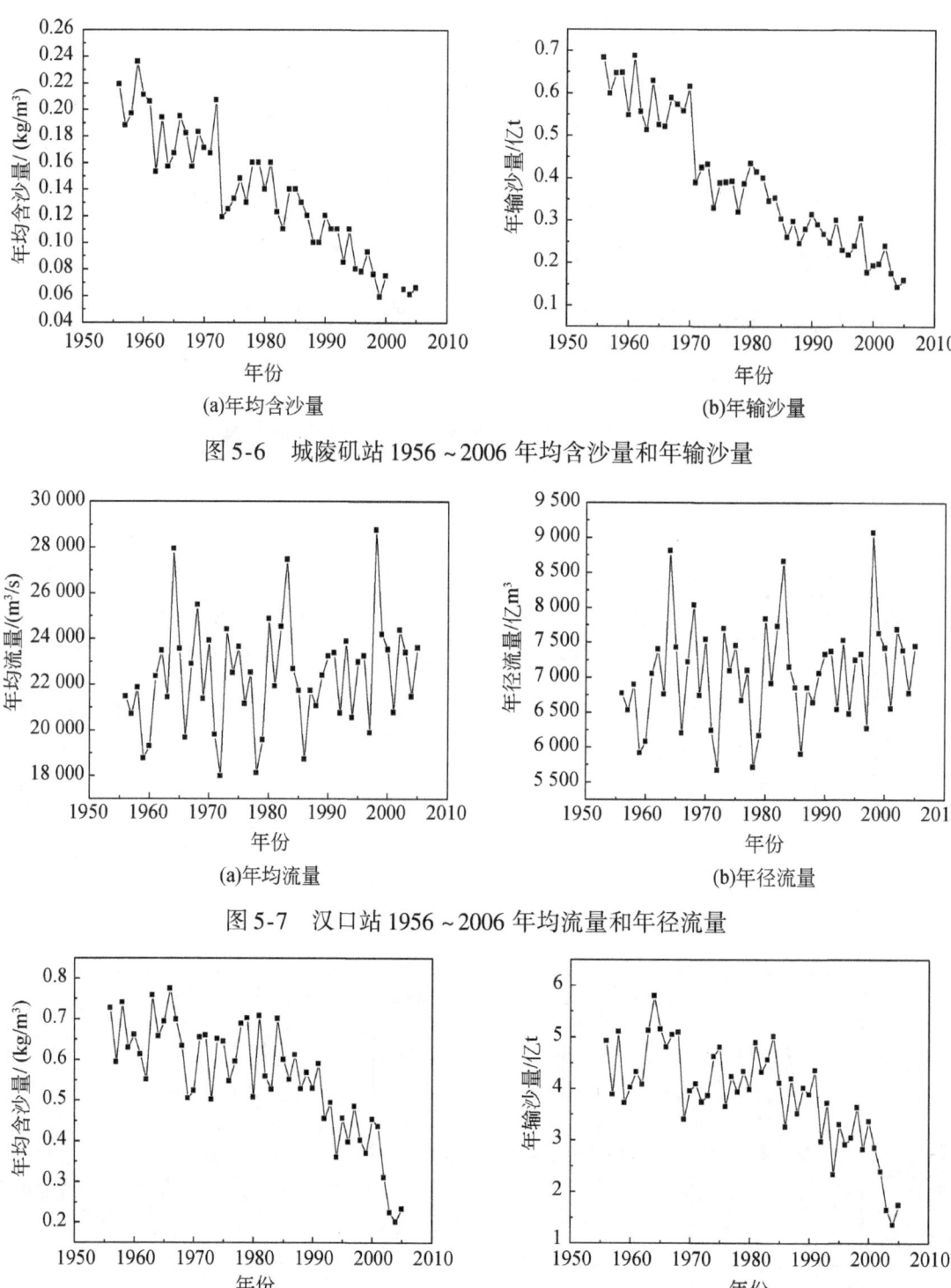

图 5-6　城陵矶站 1956~2006 年均含沙量和年输沙量

图 5-7　汉口站 1956~2006 年均流量和年径流量

图 5-8　汉口站 1956~2006 年均含沙量和年输沙量

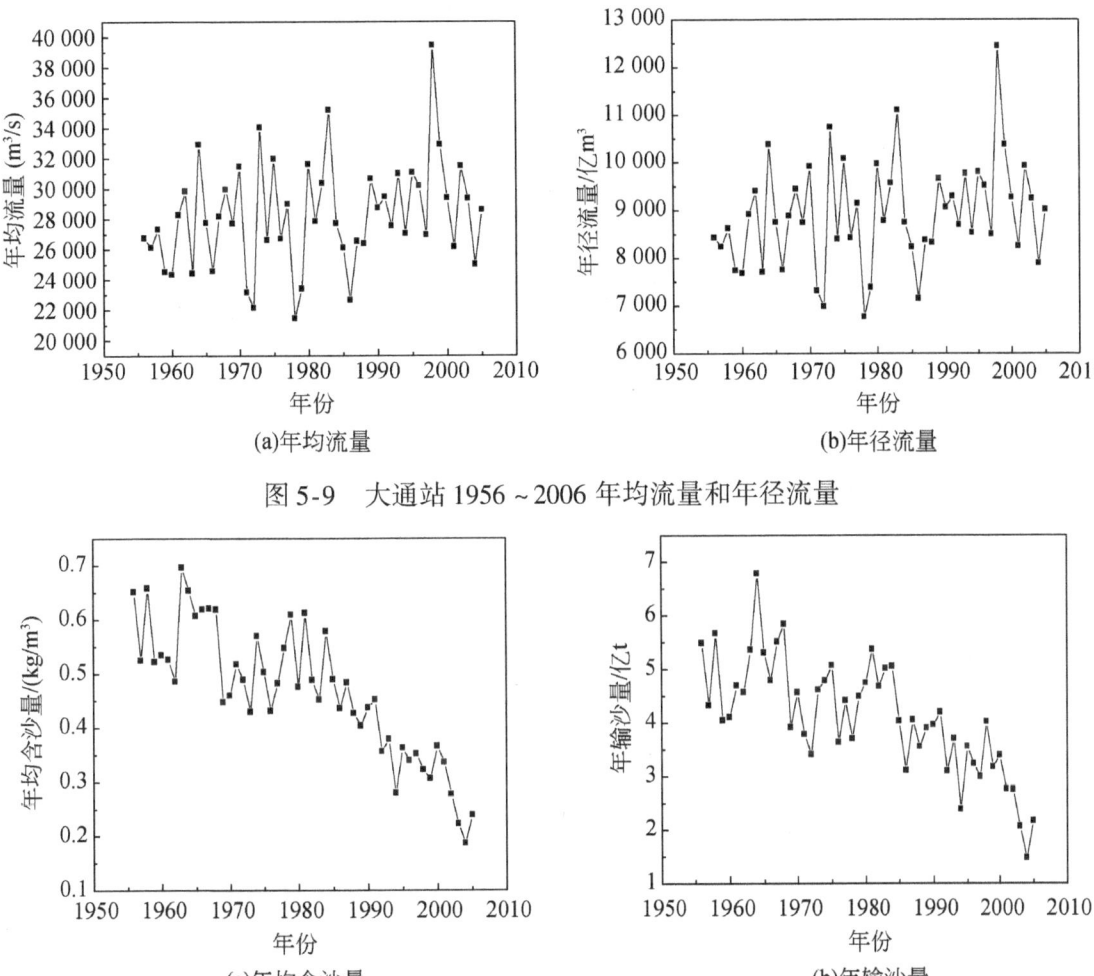

图 5-9 大通站 1956~2006 年均流量和年径流量

图 5-10 大通站 1956~2006 年均含沙量和年输沙量

水文节律改变将会产生十分严重的生态环境胁迫，甚至影响水生生物生存和演替。河流生态系统的平衡不仅依赖于平均的水流条件，也需要大流量、小流量甚至洪峰和断流期的出现。季节流量调匀将大部分河道长期处于高流量状态，使河流生态系统长时间保持比以前更高的生物量。美国科罗拉多州南普拉特河观察到，调节后的奇斯曼水库下游周丛水生植物密度增加，大面积侵占了石面栖居物种的生活空间。长江三峡水库运行后，流量的年内调节使天然条件下边滩的夏淹冬露转为夏露冬淹，有效抑制了钉螺繁殖。水文节律的季节改变也会使一些鱼类丧失产卵场和主要的食物来源。水库调峰降低了洪水事件的发生频率，洪水淹没范围也随之缩小，可能造成植物入侵河道，导致鱼类的产卵场面积萎缩。日流量的变化对于水生生物产生的影响也不可小觑。如果人为脉动事件与植物生长所需要的时间不符，可能直接造成物种的灭绝。此外，日流量变幅可能产生高有机质含量的水流，如英国瓦伊河流量从 1.3 m³/s 突增至 4.3 m³/s，造成无脊椎动物的大量增加。

## 5.3 人类活动干扰对河道形态的影响

### 5.3.1 河道裁弯取直

河流生态系统既为人类提供了肥沃的土壤、水源以及水产品等物质资源，也为洪涝提供了宣泄途径，既能为人类营造适宜的滨岸环境和优美的视觉景观，也能提供绿色低碳的交通运输条件。因此，人类多择水而居，在河流两岸孕育发展自身的文明。天然条件下，裁弯取直在弯曲型河流中比较多见。通常，冲积平原河流在螺旋流作用下，凹岸受到侵蚀，凸岸发生堆积，当弯曲型河床发展到一定阶段，上、下两个反向河湾按某个固定点呈 S 形向两侧扩张，河曲颈部越来越窄，当水流冲溃河曲颈部后便引起自然裁弯取直。裁弯取直的结果多是废弃的河道逐渐淤塞形成牛轭湖，而新的河道流程缩短、流速提高，进而发展成主槽。人们以取水、灌溉、发电、防洪和航运为目的，对河流实施了疏浚、拓宽、护岸、筑堤，甚至缩窄和裁弯取直等工程。例如，密西西比河在干流下游就进行了大范围的裁弯取直。密西西比河下游实施系统人工裁弯始于 20 世纪 30~40 年代，1929~1942 年下游孟菲斯至安哥拉颈缩裁 16 处，弯道长度由 321 km 缩减至 76 km，1932~1955 年进行陡槽裁弯 40 处，缩短流程 37 km。由于裁弯加上其他措施，初期效果很显著，河湾归顺，缩短了航程，并降低了洪水位。

然而，人工河道裁弯取直造成的生态胁迫主要体现在降低了河道生境多样性。天然河流形态多样，包括弯曲、游荡、顺直和分汊等平面形态。有学者研究表明，顺直只是河流的一种暂存形态，并且多出现在山区两岸侧向发展受限的河流。天然河道多呈现弯曲形态，有凸凹岸之分，河流生境类型多样，也为河流水生生物提供了差异性的生存环境。单一化的河道形态不仅减少了河流生境类型的多样性，也极大地降低了水生生物的多样性。例如，不同的水生生物有自身适应的流速范围，毡状硅藻适应 0.38m/s 的较低流速，而长线性绿藻则适应 0.9m/s 的高流速条件，河道裁弯取直造成的流速改变会对水生生物产生直接影响。

## 5.3.2 水域侵占

水域面积的侵占过程是一个复杂连续的动态过程，即一个从量变到质变的过程。不同地区的水域由于自然条件和地方社会经济发展具有明显差异，造成水域侵占的原因各有不同。中国政府自 1992 年加入《湿地公约》后便努力开展湿地水域保护工作。最新完成的第 3 期全国湿地分布遥感制图显示，1990~2008 年，中国湿地总面积减少了 11.46%，由 $36.6 \times 10^4$ km² 减少到 $32.4 \times 10^4$ km²，虽然生态保护工作将湿地面积减少速率由 1990~2001 年的 3400 km²/a 降低至 973 km²/a（2000~2008 年），但是东南部人口密集区域的湿地减少速率不降反升。东北三江平原约 500 万 hm² 的沼泽，已消失近 80%，近 1000 个天然湖泊消亡。仅在有"千湖之省"之称的湖北，湖泊面积就锐减了 2/3。由于水土流失和干旱荒漠化，黄河首曲湿地面积曾严重萎缩，由二十世纪六七十年代的 40 多万 hm² 萎缩至 20 世纪末的 30 多万 hm²。首曲湿地大面积干涸萎缩，致使生物多样性锐减，野生动植物种群大量消失，据二十世纪六七十年代有关资料考证，玛曲各类珍稀动物达 230 多种，但目前据不完全统计，仅存国家规定的保护种类 140 多种，减少近 90 种。因为城市发展，很多湿地萎缩、消失，目前大连泉水湿地面积已经不足原来面积的 1/5，不仅泉水，其他地方的湿地退化趋势也在蔓延。

水域侵占产生的生态胁迫主要体现在以下 4 个方面：①对于粮食安全的威胁。人类常择水而居，原因之一是水域周边地区土壤湿润，腐殖质含量较高，具备良好的作物生长条件。三江平原地区是我国最大的沼泽地区，同时也是我国主要的粮食生产地，2008 年耕地面积已达 784.8 万 hm²（姜秋香等，2011）；长江中下游地区湖泊湿地星罗密布，与此同时，该区域 2008 年垦殖率超过

70%。水域面积的侵占将造成土地荒漠化、盐碱化问题，直接威胁我国的粮食安全。②对于水资源安全的威胁。水域为人类社会提供最为直接的产品即为水资源。我国淡水湖泊总贮水量为 $2260×10^8$ m³，是生产、生活及农业灌溉的主要水源。水域侵占将导致用水问题，造成资源型缺水。③对于生物资源保护的威胁。水域作为水生生物的栖息场所，蕴藏着丰富的动植物资源。我国湿地具有约 101 科植物，其中有高等植物 1600 余种；湿地哺乳动物 65 种、爬行类 50 种、两栖类 45 种、鱼类 1014 种、水禽 250 种；此外，无脊椎动物、真菌和微生物也是湿地中重要的生物资源。水域侵占过程是对动植物重要栖息地的破坏，将会导致珍惜生物资源的减少甚至灭绝。④对于泥炭资源保护的威胁。泥炭是水域提供的又一种重要资源。我国泥炭资源比较丰富，据统计其总资源量约为 $47×10^8$ t。若尔盖高原是我国最大的一片现代泥炭沼泽地，其分布面积达 2829 km²，但是近年来的开发利用导致若尔盖湿地的显著退化，已经出现沼泽—沼泽化草甸—草甸—沙漠化地—荒漠化的演化趋势。水域侵占的结果将会造成泥炭这种具有重要生态和经济价值的资源锐减。

## 5.4 人类活动干扰对水环境条件的影响

### 5.4.1 本底化学特征值改变

天然河流水体的化学元素有 74 种，通常以河水矿化度、总硬度、总碱度、pH、主要离子的特征值和时空分布规律作为主要研究对象。河流水体化学组成主要为 8 种离子，这些离子及其化合物在水体中的总含量称为矿化度。以矿化度作指标，通常可将天然水分为弱矿化度水（<200 mg/L）、中矿化度水（200~500 mg/L）、强矿化度水（500~1000 mg/L）和高矿化度水（>1000 mg/L）。中国的河水矿化度具有显著的地带性，中国海河、黄河及新疆南部和藏北为高值区，黄土高原为高值区的中心，向东南沿海、东北、黑龙江、西北阿尔泰山逐渐降低。据研究资料表明，黄河干流的矿化度 20 世纪 90 年代数值较 80 年代有明显的增加，1998 年黄河干流矿化度平均值为 569 mg/L，总硬度平均值为 261

mg/L，水化学类型以 Na 组 Ⅱ 型为主，而 80 年代初，黄河干流矿化度平均值为 447 mg/L，总硬度平均值为 191 mg/L，水化学类型以 Ca 组 Ⅱ 型为主。黄河水化学特征的变化反映了流域内土地利用强度提升造成的水土流失加剧，以及工农业和生活废污水排入量加大，这些都是造成河流水体本底化学特征改变的人为原因。河流水体本底化学特征值的改变，虽然没有直接毒害水生生物，但也造成了生境水化学条件的改变。

## 5.4.2 污染负荷加重

污染负荷排放入河是人类活动对河流生态系统的直接干扰。"水多、水少、水脏、水浑"是我国传统四大水问题的集中表述。区域经济发展与水环境容量不相适应的结果是造成河流生态系统水体污染。我国主要江河都受到不同程度的污染。其中，河流以有机污染为主，主要污染物是氨氮、生化需氧量、高锰酸盐指数和挥发酚等；湖泊以富营养化为特征，主要污染指标为总磷、总氮、化学需氧量和高锰酸盐指数等。按照污水来源的不同，河流又可分为生活污水污染河流、工业废水污染河流和农业废水污染河流等。其中，生活污水污染河流污染源主要来自居民日常生活排出的废水，污染物成分取决于居民的生活状况及生活习惯；工业废水污染河流指由于生产过程中排出的废水造成污染的河流，污染成分主要取决于生产工艺过程和使用的原料，其中也包括高温而形成热污染的工业废水；农业废水污染河流指由于农作物栽培、牲畜饲养、农产品加工等过程排出的废水而导致水体污染的河流，污染物来源细分为农田排水、饲养场排水、农产品加工废水等。

长期以来，我国经济增长以单纯追求经济利益为主，而忽视了环境效益与生态效益，粗放的经济增长模式往往伴随着盲目的以落后的生产工艺扩大再生产，生产过程中产生的污染物远远超出了河流水体的承载能力。另一个重要原因是国家政策导向的偏差，如环境标准过低，处罚力度不足，污水收集处理设施建设配套落后，市场经济不深入等。这些因素使河流生态系统水体污染负荷加重，从而成为难以解决的历史性问题，已经严重影响了自然水环境和河流生态系统健康。

## 5.5 人类活动干扰对水生生物的影响

### 5.5.1 生物资源量减少

生物资源量是在目前的社会经济技术条件下人类可以利用与可能利用的生物量。河流生态系统中淡水鱼类是最为重要的生物资源。全世界已描述的淡水鱼类约有8400种，大约占全部鱼类种数的40%，其中，世界淡水鱼类至少有1800种处于濒危或绝灭的状态，主要是由于各种人类活动干扰所致。中国有92种面临威胁的淡水鱼类，分属于9目、24科、78属。这些鱼类可分为4个濒危等级，其中已绝灭4种、濒危28种、渐危37种、稀有23种。人类活动干扰中的过度捕捞行为是造成鱼类生物资源量减少的首要原因。

过度捕捞是人类出于自身经济收益的驱动，在捕鱼活动中捕捞了超过河流生态系统能够承担数量的鱼，造成某些鱼类数量不足以繁殖和补充种群数量，从而使得河流生态系统食物链中断进而整个系统退化。依照2006年联合国粮农组织的调查报告，全球范围内的鱼类资源52%被完全开发，17%被过度开发，7%被基本耗尽。联合国粮农组织估计，世界上70%的鱼种或者已经充分捕捞，或者正在耗竭。目前，只有少数几个国家对于鱼类的过度捕捞实施了预防、阻止和禁止非法捕捞活动，但是利益驱使大部分捕鱼者设法回避严格的管理规定，继续对鱼类进行资源枯竭型捕捞。过度捕捞造成的问题主要体现在两个方面：其一，过度捕捞造成鱼类资源的枯竭，捕捞量萎缩及至鱼类资源的消亡对于人类社会的影响是巨大的；其二，鱼类物种的消失对河流生态系统食物链的影响显著，一些鱼类消失的同时，而另一些其他物种可能随之大量繁衍，最终导致整个河流生态系统面临崩溃的压力。

### 5.5.2 生物多样性锐减

生物多样性是指在一定时间和一定地区所有生物（动物、植物、微生物）

物种及其遗传变异和生态系统的复杂性总称，包括基因多样性、物种多样性和生态系统多样性3个层次。生物多样性是人类社会赖以生存和发展的基础。生物多样性的价值体现为人类提供丰富的食物以及生产原料，维护生态系统稳定和良性循环以及保持珍惜濒危物种资源等。我国淡水水生生物多样性现状为：淡水鱼类近800个种和亚种，轮虫有348种，淡水桡足类206种，枝角类约162种，水生维管束植物和大型藻类有437个种与变种。过去数十年以来，由于人类活动干扰的影响，中国河流水生生物多样性锐减。虽然种类的绝灭在没有人类干扰的情况下表现为一种自然过程，但由于人类直接或间接影响导致的物种绝灭无疑正以大大超过自然绝灭的速度进行着。

外来生物入侵是全球生态学界目前关注的热点问题之一，也是人类活动干扰中影响水生生物多样性的一个重要因素。外来物种入侵是指在河流生态系统中过去或现在不存在的物种，由于人类活动干扰而出现的新物种、亚种或以下的分类单元，并在本地存活，继而繁殖的部分、配子或繁殖体。外来物种在自然状态下是不存在于本地河流生态系统的，其借助人类活动而跨越天然屏障，如山脉、河流、海洋等阻隔，进入新的生存环境，并适应于当地的气候、土壤、温度、湿度等栖息地环境。有针对性地引进优良动植物品种，既可丰富引进地区的生物多样性，又能带来诸多效益；但若引种不当或缺乏管理则会引发较大负面影响。外来种进入河流生态系统的影响有两个方面：一是挤占了本地物种的生存空间，排挤土著种或特有种；二是打破了原有生态平衡，逐步成为系统中的优势种群并建立新的生态系统。河流生态系统是长期进化形成的，系统中的各种生物彼此制约平衡，新物种进入后将进行生境资源的掠夺，既有可能不适应新环境而被排斥在外，也可能抗衡和制约本底原有物种，而造成河流生态系统多样性的减少，甚至导致河流生态系统退化。

# 第6章 河流生态系统综合分类的应用

## 6.1 河流生态系统健康评价

河流生态系统健康评价是对河流特定时期健康状况的全面分析和诊断,也为河流生态系统综合分类提供应用途径。河流生态系统综合分类能够全面揭示典型河流生态系统的特征,提供河流发育的地质年代、地理气候、河水补给来源、地貌条件、平面形态、生境条件及生物群落组成和分布信息。河流生态系统特征信息可以作为河流生态系统健康评价功能识别与筛选的主要依据,并可据此判别每类功能及指标对于维持河流生态系统健康的重要程度。此外,河流生态系统综合分类的特征信息记载了天然或近天然河流的自然属性,参照传统河流生态系统健康评价方法,假定天然或近天然河流处于健康状态,则河流生态系统综合分类描述的典型河流生态系统的生境条件和生物群落特征可以作为河流生态系统健康评价的健康标准,对于缺乏实测资料地区河流的研究工作意义尤为显著。

### 6.1.1 河流生态系统健康

#### 6.1.1.1 生态系统健康

在自然科学、社会科学和健康科学的交叉作用下,20世纪80年代末生态系统健康概念被提出。国际生态系统健康学会将生态系统健康分析描述为"对生态系统疾病的预防性、诊断性和预兆性特征,以及生态系统健康与人类健康之间关系的研究"。1972年美国《水污染控制修正法》规定:水污染控制的目标是修复与维持水体的化学、物理及生物完整性（Karr，1981），通过完整性表明河流的自然结构与生态系统功能得以保持良好的状态。此定义指出生态系统健康体现为河流结构、物化条件及生物组成的完整性。Costanza等（1992）认为健康的生态系统表现为可持续性和完整性，并且在外界胁迫情况下能够维持其结构和功能，对邻近的其他生态系统没有危害，对社会经济的发展和人类的健康有支持推动作用，可简单概括为自我平衡、没有病征、多样性、有恢复力、有活力和能够保持系统组分间的平衡这6个方面。

#### 6.1.1.2 河流生态系统健康

借鉴生态系统健康概念的剖析，部分学者把河流受干扰前的原始状态当作健康状态，认为河流生态系统健康是指河流生态系统维持主要过程，以及具有一定种类组成、多样性和功能组织的生物群落尽可能地接近受干扰前状态的能力。此外，还有学者提出河流生态系统健康指河流具有活力、生命力、功能未受损害及其他表述健康的状态，应包含公众对河流的环境期望（Fairweather，1999）；健康的河流生态系统除了要维持生态系统的结构与功能（Norris and Thomas，1999），还要包括生态系统的社会价值（Meyer，1997；胡春宏等，2005），在健康的概念中涵盖了生态完整性及人类的服务价值（唐涛等，2002；赵彦伟和杨志峰，2005）。据此，河流生态系统健康可以概括为：健康的河流生态系统应具备完整的结构、完备的功能，在进行自我更新的同时，发挥正常的生态效益，并且满足人类社会发展的合理需求。

河流生态系统功能是指河流生态系统及其组成产生的对自身和人类生存发展起支持作用的状况和过程，也包括各类作用产生的产品、资源和环境。河流生态系统功能是河流管理的目标，河流结构完整性影响河流系统的功能，二者的有机统一有助于实现河流生态系统的良性循环与服务的持续供应，促进人与自然的和谐。河流生态系统健康与河流生态系统功能两者关系密切（董哲仁，2005），河流生态系统功能完备与否决定河流生态系统健康的状况，而河流生态系统健康与否影响河流生态系统功能能否有效发挥。

## 6.1.2 河流生态系统健康评价方法

河流生态系统健康评价是对河流在某一特定时段的呈现状态进行评价和分析，在此基础上判断河流生态系统是否能够维持自身的生态环境功能正常发挥，以及是否能够满足人类社会经济生产活动的需求，从而为受损河流生态修复和流域水资源管理提供决策依据。传统意义上的河流评估，多以河流开发和工程建设为目的，主要以水文条件和水质评估为主。而河流生态系统健康评价则以河流生态系统状况为主线，着眼于建立河流物化状况变化与生物过程的关系，是一种兼顾生态保护和合理开发利用的综合评价体系。

河流生态系统健康表现为结构状态、生态环境功能和社会服务功能的完整和可持续。由此，河流生态系统健康评价应该全面反映结构和功能的不同需求。较为常见的河流生态系统健康评价方法为指示物种法和结构功能指标法。

### 6.1.2.1 指示物种法

指示物种法是采用河流生态系统中生物群落的关键种、特有种、环境敏感种、濒危种和长寿命物种的丰度、生产力和结构功能等生理指标表征河流生态系统的健康状况。生态学中假定河流生态系统的环境条件决定生物群落的组成和分布，环境条件的变化都将在河流生物的组成和结构上有所体现，因此生物群落指标可用于监测河流生态系统健康状况。

指示物种法使用预测模型进行评价，具体做法为：以无人为干扰或人为干扰最小的样点作为参照点群，收集参照点群的指示物种资料及对应的物理化学资料（与指示物种组成密切相关的环境变量）建立预测模型，收集监测点的物理化学资料，代入预测模型，可得到该点指示物种期望值（$E$），同时收集监测点指示物种实际值（$O$），根据 $O/E$ 值可对河流生态系统健康状态进行评价。

指示物种法可划分为单指示物种法和多指示物种法。

**(1) 单指示物种法**

单指示物种法是选择河流生态系统中某一种对环境要素较为敏感的物种作为指示种，且假定当生态系统的某一项或几项环境要素发生微小变化时，此物种的生长特征（生物量、活性、形态等）将受到影响。单指示物种可以表征河流系统的受损程度，也可以反映河流系统的恢复程度。但是，单指示物种法由于指标单一，当环境要素变化不能干扰到指示物种时失效，因此，其不适合表征整个复杂河流生态系统的健康状况。然而，单指示物种法对单一目标的水体质量评价应用效果较为理想，如用细菌、浮游动物、藻类、高等水生植物、鱼类和大型底栖无脊椎动物等评价河流水质。

英国的河流无脊椎动物预测和分类系统（river invertebrate prediction and classification system，RIVPACS）（Wright et al.，1984）方法是典型的单指示物种法，其利用区域特征预测河流自然状况下应存在的大型无脊椎动物，并将预测值与该河流大型无脊椎动物的实际监测值相比较，从而评价河流生态系统健康状况。但是，RIVPACS方法仅考虑生物指标，主要通过单一物种即底栖无脊椎动物对河流生态系统健康状况进行比较评价，并且假设河流任何变化都会反映在这一物种上，因此，一旦河流生态系统健康状况受到的破坏并未反映在底栖无脊椎动物的生态特征变化上，此类方法将不能反映河流的真实状况。澳大利亚的河流评估系统（Australia river assessment system，AUSRIVAS）是在英国RIVPACS方法的基础上结合澳大利亚河流自身的特点产生的方法，且使此模型在澳大利亚河流生态系统健康评价中得到广泛应用。虽然此方法修正了RIVPACS方法的固有缺陷，但是未能充分考虑生境条件与生物群落间的作用关系。

(2) 多指示物种法

多指示物种法是指在某一河流生态系统内，选定几种能够指示河流生态系统结构和功能的生物，建立多物种河流生态系统健康评价体系。这一体系内不同的指示物种指示了河流生态系统不同特征（结构和功能等）的健康程度，反映了河流生态系统不同特征的负荷能力和恢复能力，适用于评价较为复杂的河流生态系统。

美国国家环境保护局于1999年制定了基于河流着生藻、大型无脊椎动物、鱼类的监测和评价标准。生物完整性指数（index of biology integrity，IBI）方法（Harris and Silveira，1999）着眼于水域生物群落结构和功能，用12项指标（包括河流鱼类物种丰富度、营养类型等）评估河流生态系统健康状况。IBI研究方法基于生物指标分析，包含一系列对环境状况改变较敏感的指标，从而对监测河流生态系统的健康状况做出全面评价，但对分析人员专业性要求较高。

在自然生态系统条件下，指示物种反映了环境条件的自然演替，反映了物种与生态系统处于和谐稳定状态。但是，由于河流生态系统的复杂性，指示物种的筛选标准、敏感性和对于河流健康程度的指示作用强弱并不明确。尤其是增加长期人类活动干扰作用后，指示物种的各生理功能指标较易发生突变而难以准确反映河流生态系统的健康状况。此外，大量生物数据的采集以及生物与环境要素关系的研究工作也局限了指示物种法的使用。因此，指示物种法的适用范围较为有限。

#### 6.1.2.2 结构功能指标法

结构功能指标法是根据河流生态系统的特征和功能选择能够表征其特点的参数，建立指标体系，并分析各项指标的健康意义；然后对指标进行度量，确定每项指标在评价体系中的重要性；最后构建河流生态系统健康的评价模型。采用结构功能指标法评价河流生态系统健康的优点是综合了河流生态系统的多项指标，从河流的结构、功能演替过程，生态环境和社会服务的角度来度量河流生态系统是否健康。结构功能指标法由于涉及各尺度多方面的指标，能够全面评价河流生态系统健康状况而得到更为广泛的使用。

结构功能指标法中的指标体系可以由自然指标构成，也可以是自然、社会、经济等多项指标构成的复合指标体系；指标可以为状态指标，也可以为过程指标。指标体系的建立是河流健康评价的基础，它决定资料的收集及评价模型形式。指标体系的确定遵循以下原则：指标选择满足评价目标；指标设置和结构合理科学，能真实反映河流生态系统的结构功能特征；指标易于测量，易于获取数据；指标选取适当，避免指标的重复选取和漏选。结构功能指标评价方法在全面了解河流生态系统的结构及功能等各方面的健康程度具有优势。但是，由于结构功能指标法要从河流生态系统的整体进行分析，需要设计大量的指标，如何收集信息及将大量复杂的信息进行综合、综合指标是否合理等问题，增加了评价工作的难度及工作量，目前还未得到很好的解决。

指标体系建立后，需要使用合适的评价模型来进行河流生态系统健康评价。目前应用较广的模型方法包括综合指数法和模糊综合评价法两类。其中，综合指数法一般通过层次分析法确定指标权重，构建综合指数对系统健康状况进行定量评判。模糊综合评价法认为河流生态系统健康与否完全取决于标准值，但由于难以合理界定这些标准值，健康是一个相对概念，因而作为一个模糊问题来处理，该方法一般根据多个因素对评价对象本身存在的状态或隶属上的亦此亦彼性，从数量上对其所属成分给予刻画和描述。两种评价模型比较而言，综合指数法的优点在于能较好地体现河流生态系统健康评价的综合性、整体性和层次性，评价过程简单明了，评价结果明确，易于公众感知；而模糊综合评价法通过时间序列、空间序列的纵向、横向比较来探讨河流生态系统健康程度的高低变化，从而避免主观判断河流生态系统健康标准的不确定性。基于层次分析法的综合指数法在已有的河流生态系统健康评价中得到了更广泛的应用，模糊综合评价法的应用相对较少。

下面简单介绍6种较为具有代表性的结构功能指标方法。

1）澳大利亚的溪流条件指数法（index of stream condition，ISC）（Lanson et al.，1999）是澳大利亚维多利亚州制定的河流生态系统健康评价系统。ISC方法基于河流的水文条件、形态特征、河岸状况、水质及水生生物5个方面构建指标体系，将每条河流的每项指标与原始状态下参照点河流的条件进行对比评分，总分作为评价的综合指数，主要适用于乡村溪流的健康评价。

2）滨河带和河道环境目录方法（riparian channel environment inventory，RCE）（Petersen，1992）是基于河岸带完整性、河道宽/深结构、河岸结构、河床条件、水生植被、鱼类等16个指标，将河流生态系统健康状况划分为5个等级。RCE方法主要适用于农业地区河流生态系统健康状况评价。

3）南非的河流生境调查（river habitat survey，RHS）（Fox et al.，1998）通过调查河道数据、沉积物特征、植被类型、河岸侵蚀、河岸带特征以及土地利用等指标来评价河流生境的自然特征和质量。RHS方法能够较好地将生境指标与河流形态、生物组成相联系，但选用的某些指标与生物的内在联系未能明确，部分用于评价的数据以定性为主，数理统计较为困难。此方法适用于人类活动干扰强烈的河流生态系统。

4）河流健康计划（river health programme，RHP）（Dallas，2000）选用河

流无脊椎动物、鱼类、河岸植被、生境完整性、水质、水文、河道形态 7 类指标评价河流生态系统的健康状况。但是 RHP 方法的部分指标数据获取存在难度。

5）美国的栖息地适宜性指数（habitat suitability index，HSI）（Wesche et al.，1987）提供了 150 种栖息地适宜性指数。此模型基于各项指数与栖息地质量之间具有正相关性的假设，包括水温、深度、植被覆盖度、基质类型、基流/平均流量等指数，并且将这些指数作为控制鲑鱼在溪流生长栖息的条件。

6）美国国家环境保护署提出的快速生物评估草案（Rapid Bioassessment Protocl，RBP）（Barbour et al.，1999）涵盖了水生附着生物、两栖动物、鱼类及栖息地条件等结构功能指标，包括传统的物理/化学水质参数、自然状况定量特征（包括周围土地利用、溪流起源和特征、岸边植被状况、大型木质碎屑密度等）和溪流河道特征（包括宽度、流量、基质类型及尺寸）等。

结构功能指标法由于涵盖河流生态系统多方面属性，能够较为全面地评价河流生态系统健康状况而得到广泛应用。但是，此类方法还存在指标选取标准不易确定、指标数据获取和收集工作量庞大、评价模型存在人为主观性干扰和评价标准不易选取等问题。

## 6.2 河流生态系统可修复性分析

### 6.2.1 河流生态系统结构的稳定性

河流生态系统结构的稳定性是指河流生态系统在应对内外干扰中保持自身平衡状态的能力。稳定性强的河流生态系统在受到外界扰动后能够较快的恢复原有状态，而稳定性弱的河流生态系统在外界干扰下将会大幅度偏离稳定状态甚至健康条件受损。河流生态系统的稳定性由其环境要素和外部扰动因子的耦合作用共同决定。

河流生态系统是由影响流域与水系发育的环境要素决定结构特征。这些要素相互作用、互相影响，共同决定了河流生态系统结构的稳定。这些要素主要包括气候要素、地质要素、地形要素和植被要素等（详见1.2.1节）。

对河流生态系统稳定性产生影响的外部扰动因子包括经济因子、人口因子、土地利用因子以及管理因子四大类。

**（1）经济因子**

人类社会的经济活动是影响河流生态系统稳定性的主要驱动力之一。经济因子可以通过产业结构和社会经济水平两方面来反映。产业结构能够反映河流生态系统承受污染物的主要来源和压力大小。通常而言，第一、第二产业比重大的流域，河流生态系统受到工农业废污水污染的可能性更高，当污染负荷超出河流生态系统自身容量时，则表现出水体污染事件。社会经济水平可以反映人类调整自身经济活动，减轻河流污染压力，维护河流生态系统稳定的可能性。当社会经济水平较低时，人类只能通过开发、利用河流资源，实现经济的粗放型增长，不可能投入资金保护和修复河流，河流生态系统所受干扰较大，则维持河流生态系统稳定性的难度越大，反之则越小。

**（2）人口因子**

人口因子主要包括人口结构、人口素质和人口密度三方面。人口结构指外来人口和本地人口的组成比例，外来人口占比大的流域对于本地河流生态系统的保护意识较为缺乏，导致河流生态系统承受较高的压力。人口素质表征了流域内人群的教育文化程度，一般来说，文化程度高的人群保护河流生态系统的主观能动性更优。人口密度指单位面积上的人口数。人口密度越大，人与河流争地的现象越严重，河流生态系统所受干扰增大，稳定性减弱。

**（3）土地利用因子**

流域土地利用因子会影响河流生态系统的水文和水环境条件，包括影响流域汇流量和汇流时间，入河污染物的类型和含量等。例如，流域内以建设用地为主的河流生态系统，由于不透水表面的增加将导致入河水量和面源污染的增加，削弱河流生态系统的稳定性。再如，河流两岸甚至河道内被建筑物严重挤占的河流，丧失了行洪空间，降低了滨河生物多样性，使得河流生态系统自我恢复无可用空间，河流生态系统的稳定性较弱。

**（4）管理因子**

各类人类行为和社会经济活动都是通过管理机制来进行约束和调整的。管理机制越完善，管理水平越高，则管理效果较好，人类活动干扰对河流生态系统的负面影响就越弱。良好畅通的流域管理，能够通过合理布设公共设施、污水处理设施、土地利用格局等实现对于工农业及生活废物水的有效收集和处理，减小河流生态系统压力，提高河流生态系统的稳定性。

## 6.2.2 河流生态系统的可修复性评价

河流生态系统的可修性是指河流生态系统能够抵御干扰的能力。稳定性高的河流生态系统一般具有较高的可修复性。河流生态系统的可修性衡量主要考虑影响河流生态系统自身结构和功能的要素，以河流生态系统功能的可修复性来体现。河流生态系统功能的可修复程度可以表示为河流生态系统功能指标可修复性大小的函数（刘元元，2006），见式（6-1）。

$$R = \sum_{i=1}^{n} w_i \times r_i \tag{6-1}$$

式中，$R$ 为河流生态系统可修复性大小（%）；$w_i$ 为第 $i$ 项河流生态系统功能指标对河流生态系统健康的权重；$r_i$ 为第 $i$ 项河流生态系统功能指标的可修复性大小（%）。

$r_i$ 可用第 $i$ 项河流生态系统功能指标阈值和实际值的函数表示。当河流生态系统功能指标为正向指标时，即指标越大代表河流生态系统功能健康程度越好，$r_i$ 表示为

$$r_i = \alpha \left(1 - \frac{T_i - t_i}{T_i}\right)^\beta \qquad t_i \leq T_i \tag{6-2}$$

$$r_i = \alpha \left(1 - \frac{1}{t_i - T_i}\right)^\beta \qquad t_i > T_i \tag{6-3}$$

当河流生态系统功能指标为负向指标时，即指标越小代表河流生态系统功能健康程度越好，$r_i$ 表示为

$$r_i = \alpha \left(1 - \frac{t_i - T_i}{T_i}\right)^\beta \qquad t_i \geq T_i \tag{6-4}$$

$$r_i = \alpha \left(1 - \frac{1}{T_i - t_i}\right)^\beta \qquad t < T_i \tag{6-5}$$

式中，$t_i$为第$i$项河流生态系统功能指标的实际值；$T_i$为第$i$项河流生态系统功能指标的阈值；$\alpha$，$\beta$为公式修正参数，根据具体河流生态系统确定。

## 6.3 水生态系统保护与修复技术

### 6.3.1 物理修复技术

物理修复技术是指采用物理手段分离污染物、恢复河道水量以及改善水体水质的技术方法。在水生态系统保护修复过程中，较为常见的物理修复技术包括：①底泥疏浚技术。底泥疏浚通常结合物理覆盖技术使用，可以在较大程度上削减污染底泥对上覆水体的污染贡献率，进而解决内源释放造成的二次污染问题，并为后续的生物技术介入创造出良好的条件，是解决内源释放的重要措施。②河道补水技术。主要通过水利设施的调控，从本水系上游或跨流域调水，补充河道水量并稀释污染物质。通过河道补水技术的应用，可有效抑制河道断流、地下水位下降导致的河流生态系统退化态势，同时清洁水体部分替换污染水体，能够有效降低水体污染物浓度。③防渗技术。主要用于河床渗漏严重而导致生态环境流量不足的情况。通过衬砌等方法改善河床、河岸或湖体底部的透水特性，减少下渗引起的水资源损失，保证河流或湖泊内具有充足的水量，维持水生态系统的完整性，从而营造出适宜淡水水生生物生长的环境。④曝气复氧技术。有机污染严重的水体由于微生物利用有机物分解耗氧，溶解氧降低导致水质恶化。曝气可以快速增加溶解氧，加快污染物质氧化还原反应速度，提高水体中好氧微生物的活性，从而抑制藻类、改善底质、优化水生生物群落。

### 6.3.2 化学修复技术

化学修复是指通过化学手段使污染物降解或毒性降低，以达到治理水体污染的目的。化学修复技术主要包括：①投加化学药剂。通过添加化学药剂和吸附剂改变水体中氧化还原电位和pH，吸附并沉淀水体中悬浮物质和有机质，从而对河流生态系统进行治理和修复。投加化学药剂法具有操作简单、见效快等优点，但所加入的化学药剂在治理的同时也容易引起二次污染，对整个水体的生态环境将产生一定的影响。②重金属固定。重金属的生态修复主要是采用络合浸提法。调高pH是将重金属络合在底泥中的主要化学方法，在较高pH环境下重金属会形成硅酸盐、碳酸盐、氢氧化物等难溶性沉淀物。加入碱性物质可以将底泥的pH控制在7~8，能够抑制重金属以溶解态进入水体，但施用量不应太多，以免对河流生态系统产生不良影响。③电化学方法。与传统的化学方法不同，电化学净化系统不需投加试剂。在该系统中，废水通过格栅后在氧化池中经历约15min的絮凝时间，再经还原池后进入沉淀池进行固液分离。氧化池施加低电压后主要产生活性氧基，还原池施以高压脉冲波后产生羟基。通过部分测试实验表明：处理生活污水时，总氮、总磷和化学需氧量的去除率可以达到83%、97%和86%，处理效果十分显著。

## 6.3.3 生物-生态修复技术

生物-生态修复是利用水生生物的生命代谢活动或通过营造近天然的生境条件实现河流生态系统功能的部分修复或完全恢复的过程。生物-生态修复技术主要包括：①植被恢复技术。植被可以影响水流流动、岸坡抗冲刷强度和泥沙沉积，是适用性较广的河流生态系统修复技术。合理分布的植被有助于减轻洪水灾害，净化水体，截留来自农田的N和P，并可提供景观休闲场所和多种生态服务功能。②生物膜技术。生物膜是由微生物附着生长于某种载体的表面，主要是天然材料（如卵石）或合成材料（如纤维）等，在其表面形成一定厚度的膜。生物膜表面积大，可为微生物提供较大的附着表面，有利于加强对污染物的降解作用。该技术对于受有机物及氨氮轻度污染的河流水体有明显治理效果，并且对河流生态系统的水量、水质和水温变动适应性较强。③水生生物群落修复。利用生态学基本原理以及水生生物基础特性，以人工和生物调控相结合的方式改善水体生态环境条件。通过引种移植、生物操纵等技术措施，系统重建河流水生生物群落。④缓冲区修复。在河流水体周边一定宽度内设置缓冲区是重要的治理与修复方法。缓冲区修复可起到分蓄和削减洪水的功能。此外,缓冲区还具有截留污染物、提供野生动植物栖息环境、保持水景观、提供休闲空间等功效。⑤局部地貌营造。通过在河道内营造浅滩、深潭、回湾等地貌特征,增加水流特性的多样性,丰富河流生态系统栖息地类型,从而为不同的生物种群提供适宜的栖息地环境,有利于河流生态系统的保护与修复。⑥生态护岸技术。生态护岸技术是采用植物、石块或其他透水性材料加固河岸的河流生态修复技术。这类技术既能保证河岸的稳定,又不会切断河道内水生生态系统与岸边陆地生态系统的连通,同时还能削减面源污染,起到美化景观的作用。

# 第7章 深圳河生态系统健康评价与可修复性分析

## 7.1 深圳河流域概况

### 7.1.1 自然地理及生态特征

#### 7.1.1.1 地质年代

深圳河水系形成于第四纪 $Q_4$ 时期。流域内第四纪地层主要分布于地势低洼处，在坡岸有出露，主要以残坡积物、河流相冲积物和洪积相堆积物为主。堆积物一般分布于河道两岸，厚度一般。冲洪积物分布在冲沟、河流及河漫滩阶地等位置。

#### 7.1.1.2 地理气候

深圳河位于珠江口东侧，地理坐标为114°E～144°E，22°27′N～22°39′N。深圳河发源于梧桐山牛尾岭，自东北向西南注入深圳湾，全长约37 km，河道平均比降为1.1‰，水系分布呈扇形，主要支流有布吉河、福田河、皇岗河及香港一侧的梧桐河、平原河（表7-1和图7-1）。流域面积312.5 km²，其中深圳一侧187.5 km²，占总面积的60%；香港一侧面积125 km²，占总面积的40%。干流及其支流莲塘河（也是深圳河上游）为深圳与香港的界河，长约25 km，河床宽度15～80 m，河口处宽达230 m。深圳河水系受南海不规则半日混合潮的影响，为典型的感潮河流，三岔河口以下为感潮河段。

表 7-1 深圳河干流及主要支流河道基本参数

| 河流 | 流域面积/km² | 河长/km | 比降/‰ | 感潮河段长/km |
|---|---|---|---|---|
| 布吉河 | 63.41 | 10.00 | 3.20 | 2.70 |
| 福田河 | 14.68 | 6.77 | 7.30 | 3.20 |
| 皇岗河 | 4.65 | 1.79 | 1.20 | 1.79 |
| 深圳河 | 312.5（深圳187.5，香港125） | 25 | 0.94 | 13.16（现状全长13.11） |

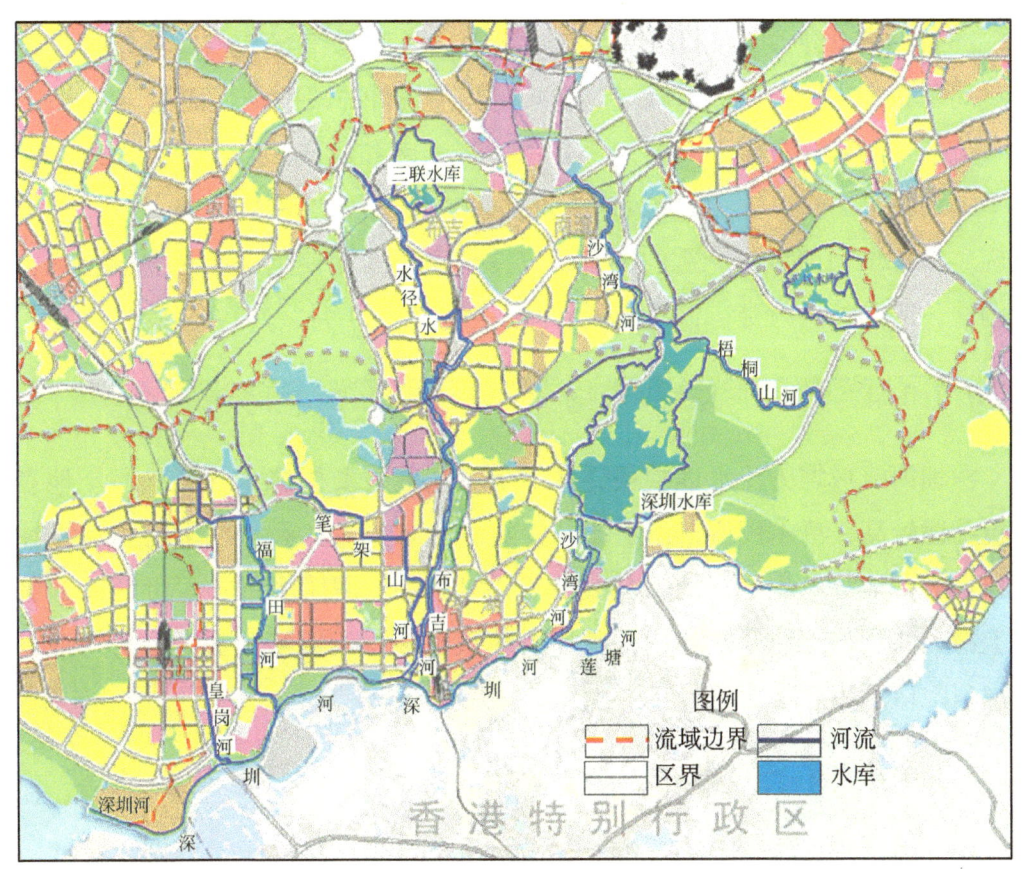

图 7-1 深圳河水系图

深圳河流域处于北回归线以南，属南亚热带海洋性季风气候，气候温暖多雨，多年平均气温 22.4℃，最高气温 38.7℃，最低气温 0.2℃；多年平均相对湿度 79%；多年平均水面蒸发量 1322 mm，多年平均陆地蒸发量约 850 mm。

7.1.1.3 水源补给

深圳河主要靠降水补给，流域多年平均（1954~1992 年）降水量为 1883 mm，年最大降水量为 2634 mm（1975 年），年最小降水量为 899 mm（1963 年）。其中，4~9 月为汛期，降水量约占全年降水量的 84.5%。前汛期为 4~6 月，主要受峰面和低压槽的影响；后汛期为 7~9 月，主要受台风和热带低气压影响，一次台风过程的降水量可达 300~500 mm。10 月至翌年 3 月为旱季，降水量占全年的 10%~15%。多年平均降水天数为 139d，实测最大 24h 降水量为 416.2 mm，多年平均为 234 mm。流域降水特征为暴雨量大，产流量高，降水的空间分布为东南向西北递减，且递减趋势随统计时段的加长而明显增大。

流域常年盛行东南和东北风，夏季盛行东南和西南风，冬季多东北风，多年平均风速为 2.6 m/s，最大风速 40 m/s，最大风力超过 12 级。台风（热带气旋）是深圳河流域最严重的灾害天气，台风风暴潮使近海水位急剧抬高，海水倒灌，造成外洪内涝。台风出现时间一般为 5~11 月，7~9 月最为频繁。

7.1.1.4 地貌条件

深圳河流域均为流水地貌条件区。上游地区主要为流水丘陵地貌，地表植被覆盖度较高，草木茂盛，河道比降较陡，河床多为卵石；中下游为流水冲积平原地貌，地势平坦，河道平均比降约为 1.1‰，河床多细沙。近年来，流域中上游大面积的土地开发利用，破坏了地表植被，造成水土流失，对河道下游及河口地区产生严重影响。

7.1.1.5 平面形态

深圳河治污和防洪工作历史较长，经由多次大规模的工程改造，深圳河基本丧失了天然蜿蜒曲折形态，人工改造痕迹明显。深圳河现状平面形态主要呈现顺直型，河道渠化程度高，表现为河道纵向直线化，横断面为规则梯形或矩形几何断面，边坡及河床采用混凝土、砌石等硬质材料衬砌。规则化的河流形态削减了生境异质性，水域生态系统结构与功能随之发生变化，特别是生物群落多样性随之降低，可能引起河流生态系统退化。

#### 7.1.1.6 生境条件及生物群落组成

深圳河常年布设径肚、砖码头和河口3个水质监测断面。多年水质监测数据表明：深圳河除上游径肚断面水质相对较好外，中游砖码头断面以下河段水质受到重度污染，多年均为劣Ⅴ类水。深圳河污染属生活型有机污染，主要污染物是 $NH_3$-N、TP 和 BOD 等。深圳河由于缺乏长系列水文监测资料，流量数据主要依据降雨资料推算。

依据表4-1和表4-2推断，深圳河上游段生物群落组成应为 $P_1$、$A_1$、$M_4$、$F_1$；中下游段主要分布 $P_1$、$A_1$、$M_5$、$F_1$。但是由于深圳河水质污染严重，水生生物尤其是高级水生生物鱼类和喜清水物种基本无法生存，只有部分耐污物种分布。河口湿地底栖生物调查数据显示：出现频率最高的种类是多毛类的双鳃内卷齿蚕和独毛虫，出现频率次高的是甲壳类的中华蜾蠃蜚和多毛类的花冈钩毛虫、双形拟单指虫（林和山等，2009）。浮游藻类中出现了耐污值较高的绿藻门的衣藻、栅藻和十字藻，以及蓝藻门的螺旋鱼腥藻（吴振斌等，2002）。

### 7.1.2 社会经济特征

深圳河由东北向西南流经深圳市经济中心区罗湖区和政治中心福田区，最终注入深圳湾。

**(1) 深圳市概况**

深圳市地处广东省东南沿海，北与东莞市、惠州市接壤，南与香港新界相邻，东临大亚湾，西濒珠江口伶仃洋。陆域位置为 113°45′44″E～114°37′21″E，22°26′59″N～22°51′49″N；海域位置为 113°39′36″E～114°38′43″E，22°09′00″N～22°51′49″N。全市陆地总面积为 1952.84 km²，海岸线长 229.96 km。

深圳地势东南高，西北低，地貌以丘陵为主，其次为台地和平原，可概分为半岛海湾带（南带）、海岸山脉带（中带）和丘陵谷地带（北带）3个地貌带，地面坡度较为和缓，全市最高的山峰梧桐山位于东南部，主峰高 943.7 m。

据深圳市统计局资料，2006年深圳市国民生产总值达 5684.39 亿元，比2005年增长15%。经济总量位居全国大中城市的第四位。全市生产总值中，第一产业增加值为 7.48 亿元，比 2005 年下降 24.4%；第二产业增加值为 3021.03 亿元，增长 16.8%；第三产业增加值为 2655.88 亿元，增长 13.1%。2006 年年末全市常住人口 846.43 万人，其中户籍人口占 196.83 万人，人口密度达到 4334 人/km²。

**(2) 罗湖区概况**

罗湖区是深圳市的商贸中心、购物中心、金融中心和信息中心，是深圳现代化都市的中心城区。罗湖、文锦渡口岸是深圳市出入境的重要口岸，其中罗湖口岸是我国客流量最多的出入境口岸。

罗湖区总面积为 78.36 km²。2006 年罗湖区的地区生产总值为 572.25 亿元，同比增长 9.4%，第一、第二、第三产业的结构比例为 0.1∶12.2∶87.7。其中第三产业增加值为 501.97 亿元，同比增长 11.2%，第三产业占三产比重已达到 87.7%，显示出罗湖区域产业调整特色和优势突出，第三产业活力强劲，2006 年全区年末常住人口为 86.78 万人，其中户籍人口 36.69 万人。

**(3) 福田区概况**

福田区是深圳市中心城区，面积为 78.8 km²，功能定位为深圳市的行政、文化、信息、商务和国际展览中心。随着市民中心、会展中心、青少年宫、音乐厅、图书馆、深圳市电视中心、凤凰卫视的后勤制作大楼及一大批其他高档写字楼相继建成投入使用，"中央商务区"初具规模，福田区"五个中心"的功能定位进一步强化。

福田区是深圳市的中心城区，2006 年年末常住人口为 118.22 万人，全年实现地区生产总值 1123.61 亿元。近几年来，福田区全面实施"环境立区"战略，以国家生态区建设指标为标准，以世界先进城市及其中心城区为标杆，把优化环境作为提升综合竞争力的核心要素，大力推进国家生态区创建工作，有力地推动了经济社会与生态环境的协调发展。

## 7.2 深圳河生态系统健康评价

《深圳市生态环境保护与建设"十一五"规划》的地表水环境功能区划中，将深圳河流域水体功能划定为一般景观用水，执行国家地表水环境质量标准中的Ⅴ类水质要求，此类水体涉及深圳市城市面貌的展示，应与建设现代化城市和生态型社会城市总体发展目标相适应，因此也是最引人关注的深圳市城市环境重点。

## 7.2.1 深圳河生态系统功能现状分析

深圳河属于雨水直接补给性源头河，其径流量及洪峰过程都与降雨量直接密切相关。此外，深圳河干流三岔河口以下河段均为感潮河段，河段长度约13.11 km。因此，深圳河的洪水汇流、演进，泥沙运动以及污染物的迁移都受到潮汐的影响。根据《深圳市环境保护规划纲要（2007—2020年）》以及《深圳市水环境质量控制规划（2006—2020）》将深圳河的主体功能划定为生态支持、水质净化、输水泄洪、景观娱乐和航道运输（渔民村至河口段）功能，而不具备水能和淡水供给功能。此外，深圳河流域局部地区存在水土流失问题，加之河口段潮汐顶托作用，导致下游河段泥沙易于淤积，因此泥沙输移功能也是深圳河的重要功能之一。

### 7.2.1.1 生态支持功能现状

由于生物监测体系和技术所限，深圳河干流没有可供利用的水生生物数据资料。但是，在深圳河口潮滩湿地有部分底栖生物的历史数据可供研究参考。通过对深圳河口潮间带湿地1997~2001年年底栖动物的分析和研究，表明研究区域共含底栖动物35种，隶属于3门5纲24属，其中多毛纲动物11种，寡毛类1种，腹足纲动物6种，双壳纲动物3种，甲壳纲动物9种，其他物种3种。优势种为奇异稚齿虫（*Paraprionospio pinnata*）、腺带刺沙蚕（*Neanthes glandicincta*）、尖刺缨虫（*Potamilla acuminata*）、小头虫（*Capitella capitata*）、米埔假蛞蛴（*Pseudopythina maipoensis*）、斜肋齿蜷（*Sermyla riqueti*）。从其优势种来看，耐污的沙蚕、小头虫和寡毛类的出现说明河流生态系统的水质已经受到了较为严重的污染。

7.2.1.2 水质净化功能现状

2007年水质监测数据表明,深圳河水体污染属于生活型有机污染,主要污染物为 $NH_3$-N、TP 和 $BOD_5$,中游水体发黑发臭,劣于Ⅴ类水质标准(表7-2)。

表7-2 2007年深圳河水质监测结果

| 断面名称 | 统计指标 | DO | COD | $BOD_5$ | $NH_3$-N | TP | TN |
|---|---|---|---|---|---|---|---|
| 径肚 | 平均值/(mg/L) | 7.17 | 4.4 | 1 | 0.3 | 0.054 | 1.06 |
|  | 超标率/% | 0 | 0 | 0 | 0 | 0 | — |
| 采石场 | 平均值/(mg/L) | 6.4 | 11.8 | 3.2 | 8.47 | 0.425 | 11.15 |
|  | 超标率/% | 0 | 0 | 0 | 100 | 33.3 | — |
| 罗湖桥 | 平均值/(mg/L) | 0.96 | 22.8 | 5.4 | 14.05 | 1.122 | 16.07 |
|  | 超标率/% | 100 | 8.3 | 4.2 | 100 | 91.7 | — |
| 鹿丹村 | 平均值/(mg/L) | 0.93 | 35.7 | 12.3 | 21.13 | 1.687 | 24.02 |
|  | 超标率/% | 95.8 | 29.2 | 33.3 | 100 | 95.8 | — |
| 砖码头 | 平均值/(mg/L) | 1.08 | 25.9 | 9 | 18.42 | 1.577 | 20.03 |
|  | 超标率/% | 87.5 | 29.2 | 25 | 100 | 100 | — |
| 河口 | 平均值/(mg/L) | 1.16 | 34.5 | 13.1 | 19.39 | 1.814 | 22.36 |
|  | 超标率/% | 79.2 | 29.2 | 37.5 | 100 | 100 | — |
| 全河段 | 平均值/(mg/L) | 2.14 | 25.6 | 8.5 | 15.58 | 1.298 | 17.86 |
|  | 超标率/% | 73.1 | 19.3 | 20.2 | 90.7 | 81.5 | — |

重度污染是深圳河最为显著和亟待解决的问题。目前,污染负荷远远超过河流水环境容量,深圳河的水质净化功能受到严重损害。这主要有三方面的原因:①由深圳河水质补给特性决定。由于深圳河是雨源性河流,地表水完全靠降雨补给,天然径流量完全取决于降雨量,尤其在10月至翌年3月的枯水季节,深圳河的天然径流量近乎枯竭,河道环境容量极小。②深圳河为感潮河流,受到海水的顶托作用,污染物不易迁移扩散。③随着特区社会经济的快速发展,沿河两岸人口、工业、城区高度集中,污染排放量迅速攀升,而各种排污管网和污水处理设施的建设却相对滞后。

### 7.2.1.3 泥沙输移功能现状

深圳河多年平均输沙量为 5.38 万 t。根据 2006 年 6 月 16 日（10：00）~6 月 17 日（15：00）至 2006 年 6 月 23 日（08：00）~6 月 24 日（12：00）（表 7-3）全潮泥沙分析：小潮期间，深圳河含沙量平均值为 0.057 kg/m³；在大潮期间，各垂线含沙量均明显大于小潮期间的含沙量，深圳河含沙量平均值为 0.391 kg/m³。由此可见，深圳河含沙量的绝对值很小，变化过程随涨落潮并不明显，涨落潮含沙量基本相当。总体来看大潮测验期间的含沙量大于小潮期间的含沙量。

表 7-3  2006 年 6 月深圳河断面含沙量

| 断面位置 | 涨落潮 | 特征值 | 潮型 | 垂线平均含沙量/(kg/m³) | 潮型 | 垂线平均含沙量/(kg/m³) |
|---|---|---|---|---|---|---|
| 布吉河口 | 涨潮 | 最大值 | 大潮 | 0.554 | 小潮 | 0.114 |
|  |  | 最小值 |  | 0.049 |  | 0.034 |
|  | 落潮 | 最大值 |  | 0.600 |  | 0.110 |
|  |  | 最小值 |  | 0.041 |  | 0.012 |
| 深圳河口 | 涨潮 | 最大值 |  | 0.987 |  | 0.084 |
|  |  | 最小值 |  | 0.133 |  | 0.016 |
|  | 落潮 | 最大值 |  | 0.677 |  | 0.066 |
|  |  | 最小值 |  | 0.090 |  | 0.018 |

### 7.2.1.4 输水泄洪功能现状

根据深圳河多年平均月径流量（表 7-4），分析得出：深圳河枯水期为 1 月、2 月、3 月、10 月、11 月、12 月 6 个月，枯水期的平均径流量为 221.38 万 m³。11 月为深圳河多年平均径流量最小的月份，多年平均月径流量为 87.50 万 m³。

表 7-4  深圳河多年平均逐月径流量　　　　　　（单位：万 m³）

| 月份 | 1 | 2 | 3 | 4 | 5 | 6 |
|---|---|---|---|---|---|---|
| 径流量 | 150.58 | 203.33 | 227.85 | 765.33 | 1058.28 | 1774.20 |
| 月份 | 7 | 8 | 9 | 10 | 11 | 12 |
| 径流量 | 1875.15 | 2408.63 | 1398.55 | 451.00 | 87.50 | 208.03 |

深圳河径流量变幅较大，河床狭窄，加之感潮河段潮流的顶托作用，洪水宣泄不畅，致使两岸经常泛滥成灾。以消除深圳河洪涝隐患，并促进深圳河水质改善为目标，深圳和香港联合出资治理深圳河。工程划分三期进行，一期工程裁弯取直、拓宽挖深罗湖桥以下至布吉河口下、福田河口至皇岗大桥以上的两个弯段，一期工程已于1995年5月动工，1997年4完成；二期工程拓宽、挖深、整治罗湖桥以下至河口除一期工程外的全部河段，最终于2000年11月完工；三期工程整治罗湖桥以上至平原河口的河段，包括拓宽、挖深及构筑河堤，三期工程于2000年下半年开工，2006年3月完工。在防洪方面，深圳河一、二、三期工程完成后，防洪标准已达到按深圳和香港双方议定的50年一遇标准，实际按国标计算上已超出50年一遇，部分河段甚至达到了百年一遇标准，最大泄洪能力为2400 m³/s。

### 7.2.1.5　景观娱乐功能现状

由于河道水泥衬砌固化以及水质污染等原因，深圳河的水域景观、河滩景观和河岸景观几乎全部丧失。对于水域景观来说，整条河流污径比失调，水质极度恶化，水面密布漂浮脏物，河口处受潮水顶托作用，水流非常缓慢，水面漂浮物几乎停滞，黑臭现象相当严重，远远达不到景观水质要求。对于河滩景观来说，特区外缺乏规划，河岸笔直渠化，杂草丛生；特区内绝大部分河道都被混凝土化，基本没有亲水河滩地。对于河岸景观来说，流域内河流两岸大多被建成区覆盖，工厂、住宅严重挤占，河岸景观支离破碎。

### 7.2.1.6　航道运输功能现状

深圳河河口上溯至渔民村段具备通航能力。深圳河河口至上埗码头的航道长为 9.128 km，航道宽为 30 m，弯曲半径为 180 m，维护航深为 1.0 ~ 1.3 m，航道等级为Ⅵ级（航道等级划分及Ⅵ级航道标准尺寸分别见表 7-5 和表 7-6），隶属深圳市航道管理，全天候与乘潮时分别通航 150 t 级和 300 t 级驳船；上埗码头至渔民村航道长 1.319 km，通航 100 t 级以下的驳船。深圳河自渔民村以上的干流河段及其支流，均不通航。

表 7-5 航道等级划分

| 航道等级 | Ⅰ | Ⅱ | Ⅲ | Ⅳ | Ⅴ | Ⅵ | Ⅶ |
| --- | --- | --- | --- | --- | --- | --- | --- |
| 船舶吨级/t | 3000 | 2000 | 1000 | 500 | 300 | 100 | 50 |

表 7-6 Ⅵ级航道标准尺寸

| 航道级别 | 航道尺度/m |||
| --- | --- | --- | --- |
|  | 水深 | 直线段双线底宽 | 弯取半径 |
| Ⅵ | 2.0 | 12 | 20 | 110 |

## 7.2.2 深圳河生态系统功能表征

### 7.2.2.1 生态支持功能

生态支持功能由生物多样性指数和生态水质两个指标来表征。

**(1) 生物多样性指数**

多样性指数又称差异指数，是应用数理统计方法求得表示生物群落和个体数量的数值，以评价环境质量。在清洁的沉积环境中，通常生物种类极其多样，但由于竞争，各种生物不仅以有限的数量存在，且相互制约而维持着生态平衡。当沉积环境及水体受到污染后，不能适应的生物或者死亡淘汰或者逃离；能够适应的生物生存下来。由于竞争生物的减少，生存下来的少数生物种类的个体数大大增加。因此，清洁水域中生物种类多，每一种的个体数少；而污染水域中生物种类少，每一种的个体数多，这是建立种类多样性指数式的基础。Shannon-Weaver 提出的种类多样性指数计算公式如下。

$$H = -\sum_{i=1}^{s} p_i \times \log_2 p_i \tag{7-1}$$

式中，$H$ 为生物多样性指数；$s$ 为物种数；$p_i$ 为物种 $i$ 的个体数占总个体数的比例。生物多样性指数的阈值由相似区域内处于健康状况的参考系河流分析计算得到。根据 1997～2001 年对深圳河口潮滩湿地连续 5 年 31 个月的调查数据，计算得到该区域底栖动物的多样性指数 $H$。

**（2）生态水质**

生态水质可以衡量生态支持功能的健康程度。根据 2000～2007 年的水质监测结果，深圳河罗湖桥以上整体水质较好，可以满足《地面水环境质量标准》（GB3838—88）Ⅴ类水的要求，深圳河从罗湖桥至新洲河之间水体污染严重。总体来说，深圳河的主要污染物是氨氮和总磷，选取这两项主要污染物作为控制指标，采用河流综合水质标识指数方法对现阶段深圳河生态水质进行整体评价。《地表水环境质量标准》（GB3838—2002）中明确规定了满足河流生态支持功能所应达到的最低水质标准为Ⅲ类。将深圳河现状综合水质标识指数与Ⅲ类水质级别对应的综合水质标识指数相比较，能够计算出深圳河生态水质的受损程度。具体计算步骤如下。

1）计算水质指标的单因子水质指数。单因子水质指数 $P$ 可以表示为

$$P_i = X_1 X_2 X_3 \tag{7-2}$$

当水质劣于Ⅴ类水上限值时，$X_1 X_2$ 根据下式计算得到。

非溶解氧指标：
$$X_1 X_2 = 6 + \frac{\rho_i - \rho_{i5上}}{\rho_{i5上}} \tag{7-3}$$

式中，$\rho_i$ 为第 $i$ 项指标的实测浓度值；$\rho_{i5上}$ 为第 $i$ 项指标Ⅴ类水质浓度上限值。

$X_3$ 通过判断得出，其意义是判别该单项水质类别是否劣于水环境功能区类别。如果水质类别好于或达到功能区类别，则有

$$X_3 = 0 \tag{7-4}$$

如果水质类别差于功能区类别且 $X_2$ 不为零，则有

$$X_3 = X_1 - f_i \tag{7-5}$$

如果水质类别差于功能区类别且 $X_2$ 为零，则有

$$X_3 = X_1 - f_{i-1} \tag{7-6}$$

式中，$f_i$ 为水环境功能区类别。

2）计算综合水质标识指数。综合水质标识指数可以表示为

$$I_{wq} = X_1.X_2X_3X_4 \quad (7-7)$$

其核心是 $X_1.X_2$ 的计算，公式如下：

$$X_1.X_2 = \frac{1}{n}\sum_{i=1}^{n}(P'_1 + P'_2 + \cdots + P'_n) \quad (7-8)$$

式中，$n$ 为参加综合水质评价的水质单项指标的数目；$P'_1, P'_2, \cdots, P'_n$ 分别为第 1，第 2，…，第 $n$ 个水质指标的单因子水质指数，为对应单因子水质标识指数中的整数位和小数点后第 1 位（单因子水质标识指数中的 $X_1.X_2$）；$X_3$ 是参与评价的水质指标中，劣于水环境功能区目标的单项指标数目；$X_4$ 意义为判别综合水质类别是否劣于水环境功能类别。如果综合水质类别好于或达到功能区类别，则有

$$X_4 = 0 \quad (7-9)$$

如果水质类别差于水环境功能区类别且综合水质标识指数中 $X_2$ 不为零，则

$$X_4 = X_1 - f \quad (7-10)$$

如果水质类别差于水环境功能区类别且综合水质标识指数中 $X_2$ 为零，则

$$X_4 = X_1 - f - 1 \quad (7-11)$$

#### 7.2.2.2 水质净化功能

深圳河的水质净化功能由自净水量来表征。由于深圳河在丰水期流速较大、水量充沛、环境容量较大，所以评价时期选定在枯水期。根据深圳河多年平均逐月径流量分析，深圳河枯水期为 1~3 月和 10~12 月。根据《深圳河流域污水资源化工程——预可行性研究》报告，2006 年深圳河流域内污水入河量为 17.22 万 m³/d，枯水期径污化达到 0.07。因此，深圳河实测流量由天然流量与污水量两部分构成。

由于缺乏深圳河流域内各个污染源分布和贡献的详细数据资料，本书采用式（7-12）分析计算深圳河自净水量目标值。

$$Q \geqslant \frac{qC_{污}}{C_{标}} = \zeta q \quad (7-12)$$

式中，$Q$ 为污染治理需水量（m³/d）；$q$ 为河流平均流量（m³/d）；$C_{污}$ 为污染物实际浓度（mg/L）；$C_{标}$ 为污染物水质标准浓度（mg/L）；$\zeta$ 为污染物最大稀释倍数。深圳河的污染主要来自生活污水的排放，污染物主要是易生化降解的有机污染物。因此，式（7-12）转化为

$$Q \geq \zeta q = \zeta_{M易} q \tag{7-13}$$

式中，$\zeta_{M易}$ 为易生化降解有机物中最大的稀释倍数，是污染物实际浓度与水质标准浓度之比。各类污染物相对于不同水质标准下的稀释倍数见表7-7。由表可知，在各类水质标准下，氨氮的稀释倍数均为最大。因此，$\zeta_{M易}$ 取氨氮的稀释倍数。

表7-7 深圳河主要污染物在各类水质标准下的稀释倍数

| 主要污染物 | 实际浓度/(mg/L) | Ⅰ 标准浓度/(mg/L) | Ⅰ 稀释倍数 | Ⅱ 标准浓度/(mg/L) | Ⅱ 稀释倍数 | Ⅲ 标准浓度/(mg/L) | Ⅲ 稀释倍数 | Ⅳ 标准浓度/(mg/L) | Ⅳ 稀释倍数 | Ⅴ 标准浓度/(mg/L) | Ⅴ 稀释倍数 |
|---|---|---|---|---|---|---|---|---|---|---|---|
| COD | 40.56 | 15 | 2.70 | 15 | 2.70 | 20 | 2.03 | 30 | 1.35 | 40 | 1.01 |
| BOD$_5$ | 26.36 | 3 | 8.79 | 3 | 8.79 | 4 | 6.59 | 6 | 4.39 | 10 | 2.64 |
| 氨氮 | 15.58 | 0.15 | 96.40 | 0.5 | 28.92 | 1.0 | 15.58 | 1.5 | 9.64 | 2.0 | 7.23 |
| 总磷 | 2.27 | 0.02 | 113.45 | 0.1 | 22.69 | 0.2 | 11.35 | 0.3 | 7.56 | 0.4 | 5.67 |

#### 7.2.2.3 泥沙输移功能

河流输沙用水量是指河流将其单位重量泥沙输送入海所用的清水体积（石伟和王光谦，2003）。深圳河泥沙输移功能以输沙用水量 $W_s$ 作为表征指标。在确定的来水来沙和输沙目标条件下，$W_s$ 可表示为

$$W_s = 0.1 \times nS_t / \sum_{i=1}^{n} \max_{1 \leq j \leq 12}(C_{ij}) \tag{7-14}$$

式中，$W_s$ 为输沙用水（亿 m³）；$S_t$ 为多年平均输沙量（万 t）；$C_{ij}$ 为第 $i$ 年 $j$ 月的月平均含沙量（kg/m³）；$n$ 为统计年数。

#### 7.2.2.4 输水泄洪功能

深圳河道设计过流能力为50年一遇（三期工程完工后），最大泄洪能力为

2400 m³/s。由于深圳河流域内缺乏永久性观测系列较长的水文控制站,因此,采用降雨资料来推算深圳河的洪峰流量。

根据深圳市水文资料年鉴,河口站 2001 年 6 月 7 日最大 24 h 降雨 226 mm。最大 1 h 降雨量 49 mm。香港天文台 1947~1981 年的实测降雨资料表明,最大 24 h 降雨量可以达到 416.2 mm。依据香港《暴雨排放手册》,洪峰流量以式(7-15) 计算。

$$Q_m = 0.278CiA \tag{7-15}$$

式中,$Q_m$ 为设计洪峰流量 (m³/s);$C$ 为径流系数(无因次);$i$ 为设计降雨强度 (mm/h);$A$ 为流域面积 (km²);0.278 为换算系数。$C$ 取 0.15~1.0,根据不同的下垫面条件,可选择不同的数值,如混凝土地面的径流系数 $C$ 多为 0.80~0.95。此处,深圳河流域径流系数 $C$ 取值为 0.95。

#### 7.2.2.5 景观娱乐功能

景观娱乐功能可以通过景观水质、景观多样性和植被覆盖率三个指标来表征。

**(1) 景观水质**

深圳河属于城市景观水体,执行国家《地表水环境质量标准》中的 V 类水质要求。根据 7.2.2.1 节计算的综合水质标识指数可知水体黑臭的临界标识指数为 $X_1.X_2 = 7.0$,仍然选取超标率最大的两个水质指标氨氮和总磷计算景观水质情况。

**(2) 景观多样性**

采用 ArcView GIS 软件处理 2006 年深圳河流域土地利用遥感图像,提取出深圳河流域的土地利用类型(图 7-2)及面积(表 7-8)。

表 7-8 深圳河流域土地利用类型及面积

| 土地利用类型 | 面积/km² | 所占比例/% |
| --- | --- | --- |
| 耕地 | 3.44 | 1.89 |
| 园地 | 13.20 | 7.24 |
| 林地 | 57.01 | 31.27 |

续表

| 土地利用类型 | 面积/km² | 所占比例/% |
|---|---|---|
| 牧林地 | 0.12 | 0.07 |
| 其他农用地 | 1.35 | 0.74 |
| 商服用地 | 4.33 | 2.38 |
| 工矿、仓储用地 | 23.52 | 12.90 |
| 公共设施用地 | 11.57 | 6.35 |
| 公共建筑用地 | 7.68 | 4.21 |
| 住宅用地 | 31.73 | 17.41 |
| 交通运输用地 | 18.20 | 9.98 |
| 水利设施用地 | 5.81 | 3.19 |
| 特殊用地 | 1.41 | 0.77 |
| 未利用土地 | 0.77 | 0.42 |
| 其他土地 | 2.16 | 1.18 |
| 合计 | 182.30 | 100.00 |

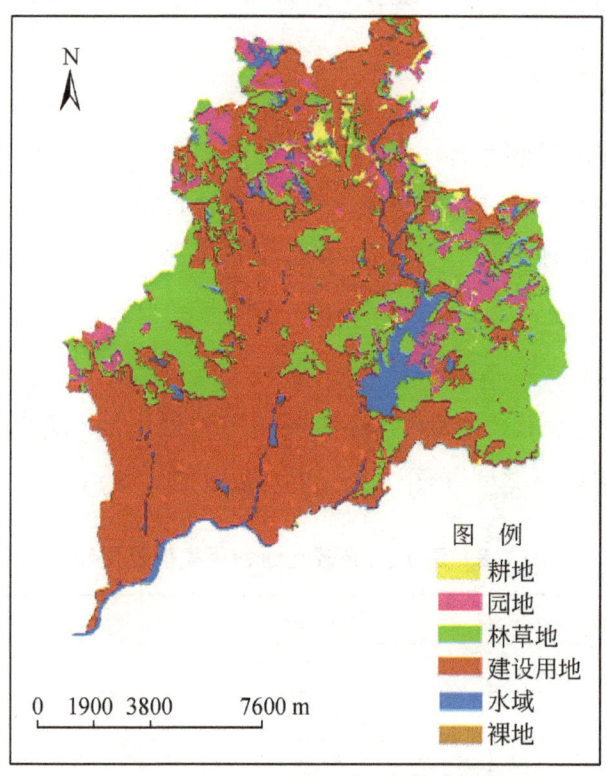

图 7-2  深圳河流域土地利用类型图

将遥感数据代入景观多样性指数计算公式（7-16）得到深圳河流域范围内的景观多样性指数。

$$P = -\sum_{i=1}^{n} h_j \times \ln h_j \tag{7-16}$$

式中，$P$为景观多样性指数；$h_j$为土地利用类型$j$的面积所占区域总面积的比例。

根据Shannon-Wiener指数的取值范围近似确定深圳河景观娱乐功能景观多样性指标的阈值。由于Shannon-Wiener指数一般为1.5~3.5，考虑到该范围内可能包含了不健康状态，因此取3.5为景观多样性指数的阈值。通过深圳河景观多样性指数实际值与阈值比较，分析深圳河景观娱乐功能的健康状况。

**(3) 植被覆盖率**

从表7-8中可知，深圳河流域的植被（耕地、园地、林地和牧林地）覆盖面积为73.77 km²，代入式（7-17），得到深圳河流域景观娱乐功能植被覆盖率实际值为40%。选取南方丘陵区天然植被覆盖率30%作为深圳河流域植被覆盖率的指标阈值。

$$C = \frac{S_{植}}{S_{总}} \tag{7-17}$$

式中，$C$为植被覆盖率；$S_{植}$为植被覆盖面积；$S_{总}$为区域总面积。

#### 7.2.2.6 航道运输功能

选取航道水深作为衡量深圳河航道运输功能的指标。深圳河河口至皇岗码头全天候通航300 t级驳船，通航保证率较高，因此作为重点分析河段。2006~2007年皇岗至河口站平均水位是0.70 m，河底断面高程为-0.73 m。因此，皇岗至河口一段未清淤前的水深为1.43 m。2007年深圳河皇岗至河口段的设计航道水深是2.58 m。

### 7.2.3 深圳河生态系统功能权重

深圳河的生态支持功能$C_1$、水质净化功能$C_2$、输水泄洪功能$C_3$、泥沙输

移功能 $C_4$、景观娱乐功能 $C_5$ 和航道运输功能 $C_6$ 对于深圳河生态系统健康的贡献大小由专家排序打分结合层次分析法（Saaty and Bennett，1977）计算的权重 $\omega$（表 7-9）来衡量。

表 7-9 深圳河生态系统各功能的判断矩阵和权重值

| 功能 | $C_1$ | $C_2$ | $C_3$ | $C_4$ | $C_5$ | $C_6$ | $\omega$ |
|---|---|---|---|---|---|---|---|
| $C_1$ | 1 | 2 | 3 | 6 | 7 | 9 | 0.38 |
| $C_2$ | 1/2 | 1 | 3 | 6 | 7 | 9 | 0.29 |
| $C_3$ | 1/3 | 1/3 | 1 | 4 | 5 | 7 | 0.17 |
| $C_4$ | 1/6 | 1/6 | 1/4 | 1 | 4 | 6 | 0.09 |
| $C_5$ | 1/7 | 1/7 | 1/5 | 1/4 | 1 | 4 | 0.05 |
| $C_6$ | 1/9 | 1/9 | 1/7 | 1/6 | 1/4 | 1 | 0.02 |

### 7.2.4 深圳河生态系统健康综合指数

构建健康综合指数（comprehensive health index，CHI）表征深圳河生态系统的健康状况。

$$\mathrm{CHI}(A_i) = \sum_{j=1}^{n} I_j \times \omega_j \tag{7-18}$$

式中，$\mathrm{CHI}(A_i)$ 为水生态系统第 $i$ 个子系统的健康综合指数，$A_i$ 为深圳河生态系统；$I_j$ 为第 $j$ 个功能的健康指数，可以通过指标无量归一化获得；$n$ 为功能个数；$\omega_j$ 为第 $j$ 个功能对于总目标即深圳河生态系统健康的权重。经计算，2006年深圳河生态系统健康综合指数为 0.36（表 7-10）。

表 7-10 深圳河生态系统健康评价计算表

| 功能 | 指标 | 阈值 | $I$ | $\omega$ |
|---|---|---|---|---|
| $C_1$ | 生物多样性（$D_1$） | Shannon-Wiener 指数 3.5 | 0.07 | 0.38 |
| | 生态水质（$D_2$） | 《地表水环境质量标准》（GB3838—2002）中规定的满足河流生态支持功能所应达到的最低水质标准，Ⅲ类水质 | | |
| $C_2$ | 自净水量（$D_3$） | 超标率最高的污染物达标所需要的水量 | 0.19 | 0.29 |

续表

| 功能 | 指标 | 阈值 | $I$ | $\omega$ |
|---|---|---|---|---|
| $C_3$ | 洪峰流量（$D_5$） | 深圳河三期工程完成后，防洪标准为 50 年一遇的河道最大泄洪能力 | 1 | 0.09 |
| $C_4$ | 输沙用水量（$D_4$） | 2001~2006 年深圳河的多年平均径流量 | 1 | 0.17 |
| $C_5$ | 景观水质（$D_6$） | 《地表水环境质量标准》（GB3838—2002）Ⅴ类标准 | 0.32 | 0.05 |
|  | 景观多样性（$D_7$） | Shannon-Wiener 指数 3.5 |  |  |
|  | 植被覆盖率（$D_8$） | 根据我国城市绿地规划要求，在有条件的城市，植被覆盖率应该达到 30% |  |  |
| $C_6$ | 航道水深（$D_9$） | 深圳河皇岗至河口段的设计航道水深 | 0.42 | 0.02 |
| CHI（$A_1$）= 0.36 |||||

健康指数 $I$ 反映深圳河生态系统各项功能的健康程度，由表征指标计算获得。各表征指标在量纲和数量级上差别很大，需要进行无量纲一化处理。处理原则为：对于正向指标，即指标值越大功能越健康，$I$ 值采用实际值与目标值的比值；反之，对于负向指标取两者相除的倒数作为 $I$ 值；此外，实际值等于阈值时，$I$ 值赋 1。实际值由现场测定或公式计算获得，阈值指河流生态系统处于健康状态时的指标值，是一种动态标准，对于不同的河流以及同一条河流的不同时期取值有所差异。

已有部分学者研究流域以及河流生态系统健康指标分级标准，如郭秀锐等（2002）依据城市生态系统相关研究中的生态城市建议值和病态限值作上下等百分比浮动得到流域健康指标等级间的划分标准，张远等（2006）借鉴《地表水环境质量标准》（GB3838—2002）中水体功能与化学物质标准值的对应关系建立河流健康指标等级标准。基于对河流生态系统健康概念的理解，本书将河流健康综合指数 CHI 划分为 5 级：健康、亚健康、轻度受损、中度受损和重度受损。其中，当 CHI 值为 1 时，表明河流生态系统各项指标均达到阈值，各功能 $I$ 值为 1，河流生态系统处于健康状态；当河流重度受损时，CHI 值接近 0。因此，等距划分 CHI 值与健康状态值 1 的接近程度，获得河流生态系统健康综合指数分级标准，见表 7-11。对照此标准，深圳河生态系统处于中度受损健康等级。

表 7-11 河流生态系统健康综合指数分级标准

| 健康等级 | 编码 | CHI 值 | 系统特征 |
| --- | --- | --- | --- |
| 健康 | I | 0.80<CHI≤1.00 | 功能完善，结构完整，系统状态稳定，可以抵抗来自外界的干扰，无生态环境异常情况，处于可持续发展状态 |
| 亚健康 | II | 0.60<CHI≤0.80 | 功能较完善，结构基本完整，当出现外界干扰时，会出现少量生态环境异常情况，但不影响功能发挥，处于可持续发展状态 |
| 轻度受损 | III | 0.40<CHI≤0.60 | 结构不完整，外界干扰超出了河流的自我调节能力，即接近系统阈值上限，生态环境异常情况出现较多，功能的发挥受限，可维持发展 |
| 中度受损 | IV | 0.20<CHI≤0.40 | 结构不完整，一些生物组分丧失，部分功能严重受损，系统活力较低，生态环境异常情况较多，河流生态系统出现退化迹象 |
| 重度受损 | V | 0.00≤CHI≤0.20 | 结构基本被破坏，组分缺失严重，功能基本不能正常发挥，生态环境出现极度异常情况，河流生态系统退化甚至消亡 |

## 7.2.5 深圳河生态系统健康评价敏感性分析

虽然层次分析法能较科学地确定各功能及其指标对深圳河生态系统健康的重要性权重，但在判断矩阵赋值的过程中仍然存在决策者的主观性影响。由于多数情况下，决策者不太可能对所研究问题的各个方面都有全面的理解和掌握，因此由判断矩阵求得的指标权重会存在一定的不确定性。一般通过设定不同的判断矩阵来分析评估结果的敏感性。

表 7-12 中的判断矩阵采用了以生态支持功能为基准的重要性标度，水质净化、输水泄洪、泥沙输移、景观娱乐和航道运输功能的重要性标度依次设为 1/2、1/3、1/6、1/7 和 1/9。为了检验不同判断矩阵对评估结果的影响，此处仍采用以生态支持功能为基准的重要性标度，将水质净化功能、输水泄洪功能、泥沙输移功能、景观娱乐功能和航道运输功能的重要性标度进行了调整。不管

功能两两对比的重要性标度值如何变化，功能之间的重要性次序是维持不变的，即调整每个功能的重要性标度值应该在不违反功能重要性基本排序的前提下进行，采用新的重要性标度构造了新的判断矩阵。

**表 7-12　$\omega$ 浮动 20% 时的 CHI 变化**

| $1.2\omega$ | CHI | $0.8\omega$ | CHI |
| --- | --- | --- | --- |
| $1.2\omega_1$ | 0.34 | $0.8\omega_1$ | 0.39 |
| $1.2\omega_2$ | 0.33 | $0.8\omega_2$ | 0.39 |
| $1.2\omega_3$ | 0.38 | $0.8\omega_3$ | 0.34 |
| $1.2\omega_4$ | 0.38 | $0.8\omega_4$ | 0.35 |
| $1.2\omega_5$ | 0.36 | $0.8\omega_5$ | 0.37 |
| $1.2\omega_6$ | 0.36 | $0.8\omega_6$ | 0.37 |

注：$1.2\omega$ 表示 $\omega$ 增加 20%，$0.8\omega$ 表示 $\omega$ 减少 20%。

之后，采用新的功能权重 $\omega$，用同样的方法对深圳河生态系统健康进行评价。再将新方案与原始方案的评价结果进行比较分析，考察评估结果的敏感性。本书用新评价结果与原始评价结果之间相对差值的大小来衡量评估结果的敏感性。经计算，新的评价结果是 0.37，深圳河生态系统两次健康评价结果的相对差值仅为 0.01。可见，在河流水系功能的相对重要性次序比较明确的情况下，各功能两两对比的标度值的某些小幅度调整对评价结果不会造成很大影响，即评价结果对功能权重的小幅度波动敏感性不高，深圳河生态系统健康评价结果具有较高的稳定性和可靠性。

## 7.3　深圳河生态系统可修复性分析

### 7.3.1　深圳河生态系统修复目标

深圳河生态系统修复的总体目标是恢复深圳河生态系统健康，创建河水清洁、生态环境优美、人水景观和谐的城市河流。

深圳河生态系统修复的各个分目标就是满足深圳河生态系统的各项功能。

1）生态支持功能：生物群落物种丰富，Shannon-Wiener 指数达到 3.5，生态水质达到地表用水要求的Ⅲ类水标准。

2）水质净化功能：自净水量充沛，纳污自净后水质达到地表水Ⅴ类标准。

3）泥沙输送功能：输沙用水满足泥沙输移的要求，保证深圳河河道内泥沙冲淤平衡。

4）输水泄洪功能：深圳河干流防洪水平达到 50 年一遇，部分河段达到百年一遇。

5）景观娱乐功能：满足地表水一般景观用水Ⅴ类水质标准，提供多样的河流景观，保证流域内良好的植被覆盖率。

6）航道运输功能：满足市航道局对各河段通航级别的要求，保证通航水深。

深圳河生态系统功能修复实际上是一个多目标、多层次、多约束条件的综合优化问题。为了将问题简化，可以对深圳河生态系统功能进行归类。深圳河的生物支持功能、水质净化功能、泥沙输移功能和输水泄洪功能主要产生生态环境效益，而景观娱乐功能和航道运输功能则主要产生社会经济效益（图 7-3）。

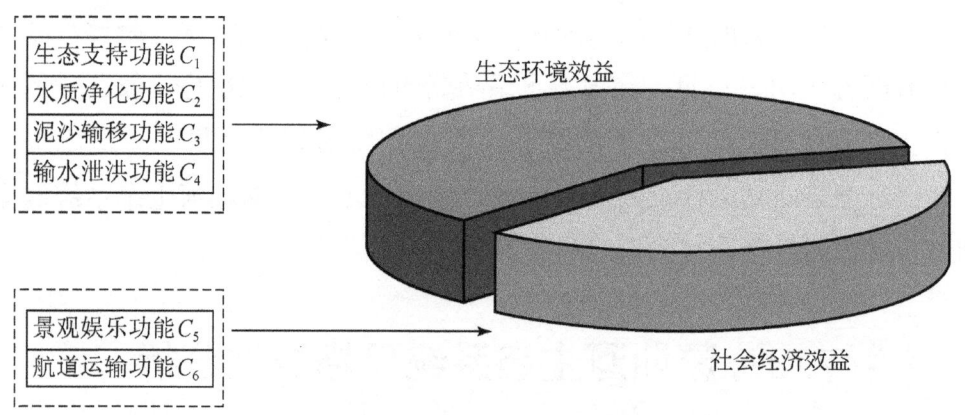

图 7-3 深圳河生态系统功能分类及其效益

深圳河生态系统修复的目标是恢复深圳河生态系统健康，实现人与河流的和谐共存。这一目标的实现必须依赖于河流水生态系统各项功能的协调发挥，兼顾河流水生态系统的生态环境效益和社会经济效益。由此，深圳河生态系统修复的目标函数定义为生态环境效益和社会效益的最大值。

其中，生态环境效益最大值表征为

$$\text{Obj}_1 = \max(r_1C_1 + r_2C_2 + r_3C_3 + r_4C_4) \tag{7-19}$$

式中，$C_1$，$C_2$，$C_3$，$C_4$ 分别为生态支持功能、水质净化功能、输水泄洪功能和泥沙输移功能所产生的生态环境效益；$r_1$，$r_2$，$r_3$，$r_4$ 分别为生态支持功能、水质净化功能、输水泄洪功能和泥沙输移功能所产生的生态环境效益的权重。

社会经济效益最大值表征为

$$\text{Obj}_2 = \max(r_5C_5 + r_6C_6) \tag{7-20}$$

式中，$C_5$，$C_6$ 分别为景观娱乐功能和航道运输功能所产生的社会经济效益；$r_5$，$r_6$ 分别为景观娱乐功能和航道运输功能所产生的社会经济效益的权重。

最终，多目标优化问题可以通过赋予不同目标一定的权重而转化为一个单目标问题，即

$$\text{Obj} = \sum_{i=1}^{2} R_i \times \text{Obj}_i \tag{7-21}$$

式中，$R_i$ 为第 $i$ 个目标（$i=1$，2）对总目标的权重。

## 7.3.2 深圳河生态系统可修复性评价

深圳河生态系统各项功能表征指标的受损程度以实际值与阈值的差值与目标值之比的百分数来表示。

$$D_i = (\Delta D/T_i) \times 100\% \tag{7-22}$$

式中，$\Delta D$ 为第 $i$ 项河流生态系统功能指标实际值与阈值的差值；$T_i$ 为第 $i$ 项河流生态系统功能指标的阈值；$D_i$ 为第 $i$ 项河流生态系统功能指标的受损程度，$D_i$ 值越大，受损程度越严重。

### 7.3.2.1 生态支持功能受损程度

深圳河生态系统生态支持功能的表征指标为生物多样性和生态水质，其受损程度计算见表 7-13。

表7-13  深圳河生态支持功能受损程度

| 指标 | 阈值 | 实际值 | 差值 | 受损程度/% |
|---|---|---|---|---|
| 生物多样性 | 3.50 | 2.08 | 1.42 | 40.57 |
| 生态水质 | 1.00 | 6.37 | 5.37 | 537.00 |

#### 7.3.2.2 水质净化功能受损程度

深圳河生态系统水质净化功能表征指标为自净水量,其受损程度计算见表7-14。

表7-14  深圳河水质净化功能受损程度

| 指标 | 阈值/(万 $m^3$/d) | 实际值/(万 $m^3$/d) | 差值/(万 $m^3$/d) | 受损程度/% |
|---|---|---|---|---|
| 自净水量 | 543.23 | 106.10 | 437.13 | 80.47 |

#### 7.3.2.3 泥沙输移功能受损程度

深圳河生态系统泥沙输移功能表征指标为输沙用水量,其受损程度计算见表7-15。

表7-15  深圳河泥沙输移功能受损程度

| 指标 | 阈值/(万 $m^3$/d) | 实际值/(万 $m^3$/d) | 差值/(万 $m^3$/d) | 受损程度/% |
|---|---|---|---|---|
| 输沙用水量 | 95.71 | 106.10 | 0 | 0 |

#### 7.3.2.4 输水泄洪功能受损程度

深圳河生态系统输水泄洪功能表征指标为泄洪流量,其受损程度计算见表7-16。

表7-16  深圳河输水泄洪功能受损程度

| 指标 | 阈值/($m^3$/s) | 实际值/($m^3$/s) | 差值/($m^3$/s) | 受损程度/% |
|---|---|---|---|---|
| 泄洪流量 | 2400.00 | 861.03 | 0 | 0 |

#### 7.3.2.5 景观娱乐功能受损程度

深圳河生态系统景观娱乐功能表征指标为景观水质、景观多样性和植被覆盖率，其受损程度计算见表 7-17。

表 7-17　深圳河景观娱乐功能受损程度

| 指标 | 阈值 | 实际值 | 差值 | 受损程度/% |
| --- | --- | --- | --- | --- |
| 景观水质 | 1.00 | 3.08 | 2.08 | 208.00 |
| 景观多样性 | 3.50 | 2.09 | 1.41 | 40.29 |
| 植被覆盖率/% | 30 | 40 | 0 | 0 |

#### 7.3.2.6　航道运输功能受损程度

深圳河生态系统航道运输功能表征指标为航道水深，其受损程度计算见表 7-18。

表 7-18　深圳河航道运输功能受损程度

| 指标 | 阈值/m | 实际值/m | 差值/m | 受损程度/% |
| --- | --- | --- | --- | --- |
| 航道水深 | 2.58 | 1.43 | 1.15 | 44.57 |

从上述深圳河生态系统功能受损程度分析可知，深圳河除泥沙输移功能的输沙用水量指标、输水泄洪功能的泄洪流量指标以及景观娱乐功能的植被覆盖率指标能够达到阈值要求外，其余指标均不同程度地偏离健康状态。

#### 7.3.2.7　功能指标的可修复性

深圳河生态系统的可修复性由河流水系自身的结构和功能状况决定，并受到外来干扰的影响。深圳河生态系统各项功能指标的受损程度直接反映了其可修复性的大小。在功能指标的可修复性计算中，受损程度超过 100% 的按 100% 计算，各功能指标的可修复性大小见表 7-19。其中，可修复性为 0 不是代表该项指标无法修复，而是指该指标的修复难度极大，短期内难以修复。总体而言，深圳河生态系统的可修复性较大，但也具有较大的修复难度，尤其是针对生态水质、景观水质和自净水量的修复工作十分艰巨，从工程实施到管理机制的各个层面都需要加强人为正面干预。

表 7-19　深圳河生态系统功能指标的可修复性

| 指标 | 可修复性/% |
| --- | --- |
| 生物多样性指数 | 59.43 |
| 生态水质 | 0 |
| 自净水量 | 19.53 |
| 输沙用水水量 | 100 |
| 泄洪流量 | 100 |
| 景观水质 | 0 |
| 景观多样性指数 | 59.71 |
| 植被覆盖率 | 100 |
| 航道水深 | 55.43 |

## 7.4　深圳河生态系统主体功能修复

据计算，深圳河生态系统的健康综合指数为 0.36，具体表现为：河流水系结构不完整，一些生物组分丧失，部分功能受损，系统活力较低，生态环境异常情况较多，河流生态系统出现退化迹象。通过受损程度分析可知，生态支持功能受损最为严重，生态水质指标受损程度超出了 100%，修复难度极大，短期内难以修复，其余功能除输水泄洪和输沙功能受损程度较低外，均受到不同程度的损害。由于深圳河生态系统尚处于污染治理阶段，因此治理工作主要针对水质净化、输水泄洪、泥沙输移和景观娱乐功能的保护与修复展开；生态支持功能的修复可以作为深圳河生态系统健康恢复的远期目标；而航道运输功能不属于深圳河的主体功能，因此不作为深圳河生态系统主体功能进行修复。针对深圳河生态系统健康现状，拟提出以下工程技术修复措施和建议。

### 7.4.1　水质净化功能修复

目前，深圳河生态系统无法满足水功能区划要求，水质超标严重，水体黑臭。主要原因是有大量未经处理的污水直接排入河道，尤其是在旱季，河道中的水流基本全部来自于入河污水。首先，截污是改善深圳河水质净化功能的一项基本措施。在污水截流充分实施后，虽然河中仍然会有剩余污水，并且剩余污水中的污染物浓度不会有太大改变，但是水体总量将比现状小很多，径污比发生改变，剩余污水引起的黑臭问题将远小于现状。其次，亟须完善污水管网建设，多建次级管网，扩大收集面积和范围。将已建污水管道与新建污水管道连接和并网。改善街道雨水收集状况，实施雨污分流，减轻污水处理厂的负荷。充分发挥罗芳、滨河、草埔污水处理厂、洪湖湿地、飘带工程和布吉河应急工程的污水处理作用，通过采用固定化微生物等先进技术提高污水处理厂的处理效率，并采用水上种植技术加强洪湖人工湿地的污水处理能力。此外，具体措施还包括：充分利用滞洪区的水闸泄流、跌水以及氧气泵对水体进行人工曝气增氧；通过蓄水建筑物合理运行、从珠江口以及大鹏湾引水或者通过对流域污水/初期雨水的深度处理来加大枯水期河道流量，提高河流的稀释自净能力。

## 7.4.2 输水泄洪功能保护

针对深圳河输水泄洪功能保护的措施包括以下 5 个方面。

1）定期进行河道清淤工作，保证河道具有充足的行洪断面面积。

2）提高流域植被覆盖面积，控制流域不透水面积的增加，提高流域土壤的渗透能力，减少汇流时间过短形成洪水的可能性。

3）扩建笋岗滞洪区的库容，削减下游洪峰。

4）对已达到泄洪能力要求的河段基本保持现有断面。对已查明的防洪险段，结合其周边用地性质的现状及规划，分别采取扩大断面、新建分流设施等形式进行整治。在有可能的地段，尽量恢复一些河岸缓冲区或建设生态护岸，提高河道的泄洪和调蓄能力。

5）巩固和维护深圳河三期工程的工作成果。

## 7.4.3 泥沙输移功能保护

针对深圳河泥沙输移功能保护的措施包括以下 4 个方面。

1）加强水土保持工作力度，减少和控制流域水土流失量。

2）定期进行河道清淤工作。

3）合理设置水利工程设施，辅助河流增强水流的挟沙输沙能力。

4）对于未利用地增加植被覆盖，避免闲置时间过长由风和水造成的水土侵蚀。

### 7.4.4 景观娱乐功能修复

受南亚热带海洋性季风气候的影响，再加上深圳河水系属于雨源性河流的特征，深圳河径流量呈现明显的丰、枯季节性变化。出于尽可能避免调水、补水工程措施，尽量减小修复成本的考虑，景观娱乐功能的修复应通过河流水质改善和河岸景观设计，营造间歇性的河流景观特征为主要理念。具体措施包括以下3个方面。

1）恢复河漫滩面积。河道管理范围内（依据《深圳经济特区河道管理条例》应为河道两岸25m）的房屋均随着旧城改造的推进分批拆除，彻底拆除非法窝棚和养殖场。

2）恢复河岸植被。利用深圳市绿化的成功经验和优势，在干支流各明渠段恢复河岸带植被，充分发挥河岸带植被的缓冲带功能和护坡效应。

3）修复河床断面。改变现有混凝土护岸为草皮或地衣植被覆盖的柔性护坡。部分河段可拆除河床上铺设的硬质材料，恢复河床自然形态。部分河段采用复式断面，种植草本、爬藤类植物或栽植低矮乔木。

# 第 8 章　大汶河生态系统保护与修复

## 8.1　大汶河生态系统特征

### 8.1.1　地理位置

大汶河又名汶水，是黄河下游最大的一条一级支流，泰安市境内唯一的大型防洪排涝河道，属季节性河流，也是国内少见的自东向西流的大型河流。大汶河发源于沂源县松崮山南麓的沙崖子村，大汶口以上分北支牟汶河和南支柴汶河（图8-1），以北支牟汶河为主流，大汶口至戴村坝为中游，戴村坝以下为下游，称大清河，于东平县马口入东平湖，全长208 km，自然落差362 m，总流域面积约8536 km$^2$，其中泰安市境内约6093 km$^2$。北支牟汶河，流域面积3712 km$^2$，其中泰安市境内1572 km$^2$，主要支流有瀛汶河、石汶河和泮汶河；南支柴汶河，流域面积为1944 km$^2$，沿途有平阳河、光明河、羊流河、禹村河汇入；中下游主要有漕河、浊河和汇河流入。

大汶河流域在泰安市境内的分布面积统计见表8-1。

表8-1　泰安市境内大汶河流域面积分布统计

| 分区 | 流域面积/km$^2$ |
| --- | --- |
| 泰山区 | 304.4 |
| 岱岳区 | 1736.4 |
| 新泰市 | 1758.7 |
| 肥城市 | 1263.0 |
| 宁阳县 | 465.0 |
| 东平县 | 566.1 |
| 合计 | 6093.6 |

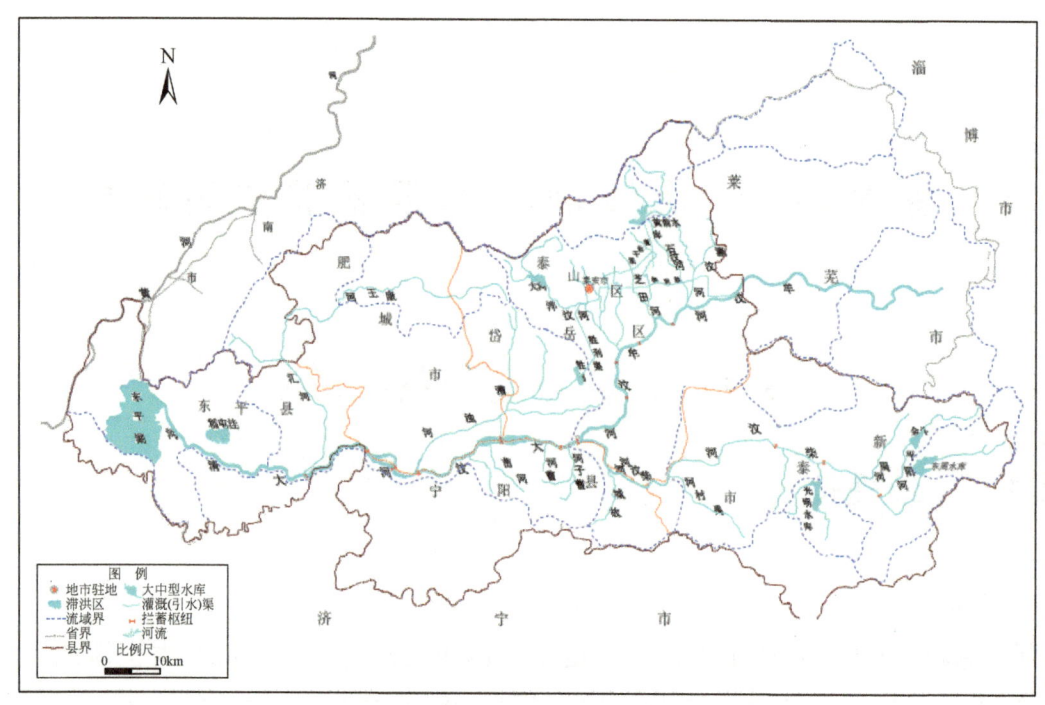

图 8-1 大汶河水系图

## 8.1.2 地质年代

大汶河流域地层发育较全,从老到新有太古界的泰山群;古生界的寒武系、奥陶系、石炭系、二叠系;中生界的侏罗系、白垩系;新生界的第三、四系,此外还有不同时期的侵入岩和喷出岩等。

泰山、徂徕山、莲花山及其余脉广泛分布着太古界的泰山群变质岩系。岱岳区盆地、新汶盆地、肥城盆地及东平湖周围分布着古生界的寒武系、奥陶系。新泰、肥城、宁阳局部地区有石炭系、二叠系。在岱岳区盆地、汶口盆地、宁阳等地分布有古、新近系。第四系广泛分布在山前、河流两侧和盆地之中。

流域内水文地质条件与区域地质构造、地形和地貌条件有明显的一致性。地下水分布规律与地形基本相似,地表水与地下水分水岭大部分重合。新泰市、肥城市、宁阳县平原补给条件好,蕴藏丰富的第四系孔隙水,隐伏的奥陶系石灰岩地区，有着丰富的地下水，如泰城、旧县、肥城盆地和新汶盆地等；由前震旦系花岗片麻岩构成的泰山、莲花山等地，裂隙水量较小。

## 8.1.3 地形地貌

大汶河流域呈扇形，东宽西窄，主要山峰有泰山、摩云山、徂徕山、莲花山和鲁山等，最高峰为泰山，海拔1532.7 m。地势东高西低，东部为鲁中山区、西部为沿黄湖洼，汶水西流是其特有的地形特点。京沪铁路以东为山丘区，兼山前平原和河谷盆地，地面高程均在100 m以上，北、东、南三面环山，成环抱之势，中部以徂徕山、莲花山为界分为南北两大区域，北面为泰莱平原，兼有起伏丘陵，南面为柴汶盆地，群山环绕，沟壑纵横。京沪铁路以西，泰山余脉蜿蜒于北，经肥城北延伸至东平湖，山势自东向西渐为低山，山峰高程多在400 m以下，大汶河两岸及大清河北岸有断续的孤山丘陵，南部是跨越大汶河的肥宁平原，西部是湖区洼地，是黄汶冲淤交汇区，地面高程多在38~40 m。整个流域山区面积3152.0 km²，占36.9%；丘陵区面积2701.5 km²，占31.7%；平原涝洼面积2683.0 km²，占31.4%。大汶河流域地形组成见表8-2。

表8-2 大汶河流域地形组成

| 地形 | 山区 | 丘陵 | 平原涝洼 | 合计 |
| --- | --- | --- | --- | --- |
| 面积/km² | 3152.0 | 2701.5 | 2683.0 | 8536.5 |
| 占总面积/% | 36.9 | 31.7 | 31.4 | 100.0 |

## 8.1.4 水文气象

区域属温带大陆性半湿润季风气候区，四季分明，寒暑适宜，光温同步，雨热同季。春季干燥多风，夏季炎热多雨，秋季晴和气爽，冬季寒冷少雨雪。

区域多年平均降水量为727.9 mm，折合水量55.9亿m³。各季降水量相差悬殊，其中汛期6~9月降水量为529.8 mm，占全年降水量的73%，具有春旱、夏涝、晚秋又旱的特点。降水量年际之间的变化比较明显，保证率50%、75%、

95%时年降水量分别为710 mm、588 mm和438 mm，丰、枯年份交替出现。除北部泰山区外，在同一纬度附近各地的年降水量，由于受海洋水汽输送、地形因素的影响，有自东向西递减的变化规律，多年平均降水量由东部的750 mm递减到西部平原丘陵区的610 mm左右。泰安市大汶河流域降雨分区特征值见表8-3。

表8-3 大汶河流域降雨分区特征值

| 分区 | 均值/mm | $C_v$ | $C_s$ | 不同频率年降水量/mm ||| 
|---|---|---|---|---|---|---|
| | | | | 50% | 75% | 95% |
| 泰山区 | 949.3 | 0.30 | 0.60 | 921.0 | 745.0 | 534.0 |
| 岱岳区 | 716.8 | 0.28 | 0.56 | 698.0 | 573.0 | 422.0 |
| 新泰市 | 749.1 | 0.26 | 0.52 | 732.0 | 610.0 | 460.0 |
| 肥城市 | 653.5 | 0.31 | 0.62 | 633.0 | 508.0 | 360.0 |
| 宁阳县 | 665.5 | 0.32 | 0.64 | 643.0 | 513.0 | 358.0 |
| 东平县 | 633.3 | 0.30 | 0.60 | 614.0 | 497.0 | 356.0 |
| 全市 | 727.9 | 0.27 | 0.54 | 710.0 | 588.0 | 438.0 |

区域年平均气温12.9℃，最高平均气温出现在7月，为26.4℃，最低平均气温出现在1月，为-2.6℃。极端最高气温42.5℃，极端最低气温为-22.6℃。有霜期为159～179d，初霜期一般在10月中旬，终霜一般在4月上旬。

区域年均日照时数为2582.3 h，年日照百分率为58.3%。最大日照百分率在5月和10月，为62%～63%，最小日照百分率在7月，为50%～55%。

风向和风力随季节变化很大。冬季多偏北风，夏季多偏南风。泰山区、岱岳区、肥城市、宁阳县风力最大，风速为19～20 m/s。泰安市相对湿度3月最小，为57%，8月最大，为80%。全市各代表站多年平均水面蒸发量（E601）一般在1000～1220 mm（表8-4），东部山丘区小于西部丘陵平原区。蒸发量年内变化一般较大，多数代表站以6月为最大蒸发月份，12月蒸发量最小。蒸发量年际变化小，最大年水面蒸发量为最小年水面蒸发量的1.5倍左右。

表 8-4　代表站多年平均年干旱指数

| 站名 | 年水面蒸发量（E601）/mm | 年降水量/mm | 年干旱指数 |
| --- | --- | --- | --- |
| 泰山顶 | 1004.90 | 1086.20 | 0.92 |
| 岱岳 | 1092.00 | 692.50 | 1.57 |
| 新泰 | 1100.20 | 721.10 | 1.53 |
| 肥城 | 1224.50 | 651.10 | 1.88 |
| 东平 | 1169.30 | 640.10 | 1.83 |
| 宁阳 | 1213.60 | 669.60 | 1.81 |
| 戴村坝 | 1242.50 | 647.90 | 1.92 |

## 8.1.5　水资源及水生生物资源状况

根据 1956~2008 年实测资料分析，大汶河流域多年平均地表水资源量为 13.68 亿 $m^3$，保证率 50%、75%、95% 时的地表水资源量分别为 11.41 亿 $m^3$、6.78 亿 $m^3$、2.70 亿 $m^3$；全市地下水资源总量为 12.16 亿 $m^3$；多年平均水资源总量为 16.97 亿 $m^3$。

东平湖位于大汶河下游东平县境内，是山东省第二大淡水湖泊，上承汶河来水，南与运河相连，北与小清河和黄河相通，是黄河下游最大的滞洪区。湖区分为老湖和新湖两部分，新湖区面积为 627 $km^2$，老湖区面积为 209 $km^2$，多年平均水面面积为 124 $km^2$。

大汶河流域内水生生物资源共计 46 目、286 科、2675 种。鱼类主要为四大家鱼，以及黄鲴、团头鲂等 207 种，水生植物主要为苇、蒲、荻、芡、浮萍、荷包芋、莲藕和菱角等。

## 8.1.6　社会经济发展

区域 2010 年总人口为 557.01 万人，其中非农业人口为 189.87 万人，占总人口的 34.1%，农业人口为 367.14 万人，占总人口的 65.9%。

区域 2010 年全年实现地区生产总值 2051.7 亿元，其中，第一产业增加值为195.31亿元；第二产业增加值为1099.45亿元，其中工业增加值950.02亿元；第三产业增加值为756.92亿元；第一、第二、第三产业占总地区生产总值的比重分别为8.9%、56.7%和34.4%。旅游业是泰安市的支柱产业，2010年全市共接待国内游客3051.0万人，实现旅游收入253.5亿元，旅游收入占地区生产总值的比重由2000年的6.1%上升到2010年的12.4%。

## 8.2 大汶河生态系统综合分区

强烈的人类活动干扰与全球大气候环境变化，共同促使流域内的环境要素和格局发生了巨大的改变。物质与能源的极大需求日益加重了水环境污染，并造成了天然水文过程的重大改变，形成了流域二元水循环及其伴生的水生态与水环境过程。为科学刻画现实业已存在的"河流生态经济复合系统"的变异特征与演化规律，有效地进行评价、保护、修复与管理，客观上需要一个合适的空间单元体系（即分区）。河流生态系统综合分区是河流生态系统综合分类在流域面上的拓展，目的是为了分区域、有重点地进行典型河流生态系统的保护与修复。

在这个单元体系中，不仅需要考虑流域的生态与水文特性，更要考虑区域的经济社会与环境属性。因此，其单元划分应以变化环境下地域分异规律为理论基础，以生态分区、水资源分区、水功能分区和行政分区为边界划分基础，坚持传统的发生统一性准则、相对一致性准则、区域共轭性准则、综合性准则和主导因素准则，从三方面开展工作：一是辨识综合地域系统的主要自然和人文要素，研究主要地理要素的变化过程、时空格局及其相互作用机理，重点包括主要自然要素变化过程、时空格局；二是辨识综合地域系统的地貌、气候、土壤、植被、水文等自然要素，研究其变化过程；三是整理已有部门及综合经济区划方案，辨识政策、人口、科技、消费等人文要素，研究其变化过程和时空格局。

## 8.2.1 分区指标体系

现代条件下的河流生态系统是一个高度复杂的巨系统，在进行分区时，结合河流生态系统综合分类层次结构，考虑影响流域众多因子的共同作用，从而对流域进行细分，做到有的放矢，不同的河流生态系统分区采取不同的修复保护方法。本书遴选的河流生态系统综合分区主要指标见表 8-5。

**表 8-5　河流生态系统综合分区指标**

| 要素层 | 指标层 |
| --- | --- |
| 气象要素 | 年均温，年降雨量，年蒸发量，干旱指数 |
| 水文要素 | 径流系数，径流模数 |
| 地形地貌 | DEM，坡度 |
| 水文地质 | 地下水漏斗，地下水超采 |
| 植被要素 | 植被类型，植被覆盖率 |
| 土壤要素 | 土壤类型，产沙模数 |

另外，还包括社会经济要素，具体指标见表 8-6。

**表 8-6　河流生态系统综合分区主要社会经济指标**

| 要素层 | 指标层 |
| --- | --- |
| 人口 | 人口密度 |
| 经济 | 地区生产总值，人均地区生产总值，三次产业产值，煤炭收入总量 |
| 水资源利用 | 地表地下用水量，工业万元产值用水量 |
| 环境状况 | 生态环境状况指数，"三废"排放量 |

总体而言，以上提及的指标可以划归为三大类，分别是流域生态指标、资源环境指标以及社会经济指标。河流生态系统综合分区是在这三大类指标的基础上，运用主成分因子分析和聚类手段解析出区域差异最大的指标，然后以这些指标为依据对整个大汶河流域进行空间上的划分。

## 8.2.2 综合分区结果

大汶河生态系统综合分区划分出 13 个水生态系统空间单元,结合主导功能判别,最终归并成四大典型区域(图 8-2),分别是:①水土流失重点治理区;②水功能重点保护区;③生态景观建设区;④河流廊道景观建设区。

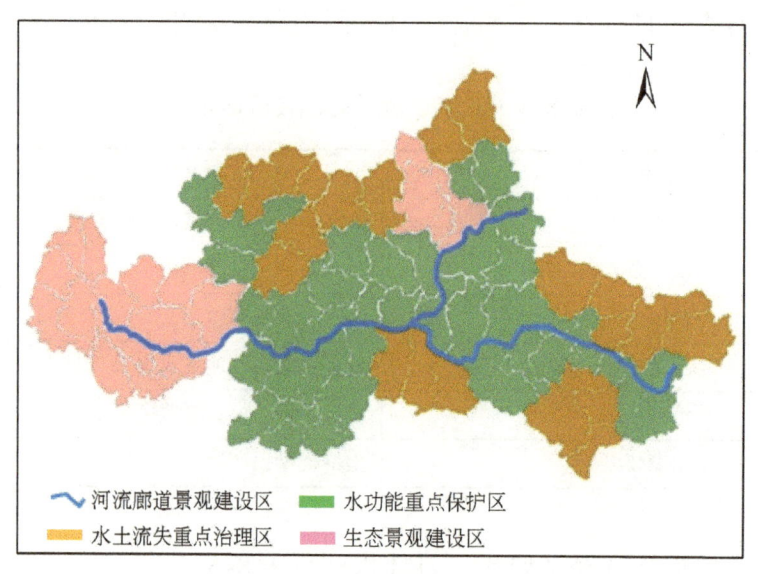

图 8-2 大汶河生态系统综合分区示意图

1)水土流失重点治理区。该区域主导功能为输水泄洪与泥沙输移功能,总面积为 1111.3 km², 行政区划上由 29 个区(乡、镇)组成,包括大津口乡、省庄镇、泰前办事处、下港乡、黄前镇、夏张镇、满庄镇、青云街道办事处、汶南镇、东都镇、湖屯镇、徂徕镇、良庄镇、化马湾乡、天宝镇、龙廷镇、小协镇、刘杜镇、石莱镇、放城镇、道朗镇、王瓜店镇、老城镇、潮泉镇、孙伯镇、安临站镇、东庄乡、华丰镇和磁窑镇。

2)水功能重点保护区。该区域主导功能为水质净化功能,总面积约为 3061.8 km², 行政区划上由 35 个县(乡、镇)组成,包括祝阳镇、山口镇、范镇、角峪镇、化马湾乡、祖徕镇、梁家庄、房村镇、北集坡镇、大汶口镇、满庄镇、马庄镇、夏张镇、天宝镇、羊流镇、果都镇、西张庄镇、翟镇、楼德镇、禹村镇、宫里镇、东都镇、汶南镇、泉沟镇、岳家庄乡、安家庄镇、鹤山镇、东疏镇、泗店镇、宁阴县、伏山镇、乡饮乡、葛石镇、蒋集镇、堽城镇。

3) 生态景观建设区。主导功能为生态支持功能，总面积约为1677.2 km², 行政区划上主要包括泰山区和东平县。

4) 河流廊道景观建设区。主导功能为景观娱乐功能，区域为狭长地带，面积约为242.9 km², 主要分布在大汶河主河道以及两岸100 m范围内的土地区域。

## 8.3 大汶河生态系统分区保护与修复

### 8.3.1 水土流失重点治理区的水生态系统保护与修复

#### 8.3.1.1 水生态系统保护与修复目标

水土流失重点治理区的水生态系统保护与修复工作主要集中在以下两方面：一是采取水源地综合保护措施，开辟新水源地与重要水源地保护相结合，加强饮用水源地生态环境建设，确保全市用水安全；二是按照"以小流域为单元，山、水、林、坡、沟结合综合治理"的技术思路进行，全面缓洪减沙，显著提升流域水源的涵养能力、蓄滞洪能力、水体净化能力和水资源保障能力，改善生态环境，达到水土流失治理要求。

综上，水土流失重点治理区水生态系统保护与修复目标见表8-7。

表8-7 水土流失重点治理区的水生态系统保护与修复目标

| 水生态系统保护与修复目标 | 现状值 | 目标值 |
| --- | --- | --- |
| 水土流失治理率/% | 23 | 100 |

#### 8.3.1.2 水源地保护工程

泰安市大汶河流域目前处于城市化建设发展阶段，需要清洁、稳定的水源作为保障。目前已有的黄前、小安门、彩山、崅峪、胜利、东周、光明、金斗、苇池、直界、贤村、尚庄炉、山阳水库、大河水库 14 座大中型水库经过治理仍难以满足域内社会经济的发展需求，还需要新增扩建一批水源地工程。具体的工程措施如下。

**(1) 新增、扩建水源地工程**

规划新建、扩建 4 座大中型水库，开辟为新水源地。具体措施包括：①新建宁阳中皋水库，工程建成后，形成面积 12 km² 的水面，蓄水量可达 0.8 亿 m³，在改善生态环境方面效益显著。②规划将稻屯洼改建成平原水库，总库容 1.3 亿 m³，可补充地下水，改善土壤的养分循环状况，增加空气湿度，改善区内的小气候条件，同时为下一步把稻屯洼建设成为集水产养殖、观光旅游、休闲娱乐为一体的水利风景名胜区奠定坚实基础。③新建开山中型水库，总库容 2000 万 m³，实施与黄前、安家林、刘家庄、小安门水库联网工程，5 座水库联合调度，实现"优水优用"，提高城市供水能力和保证率。④规划扩建黄花岭水库为中型水库，总库容为 1400 万 m³，扩建后作为新泰区天宝镇主要供水水源地。

**(2) 重要水源地保护工程**

1）黄前水库饮用水源地保护工程。具体措施包括：①隔离防护工程。在一级保护区设置防护网，长约 15 km，禁止旅游者和其他无关人员越过网界，禁止人为破坏防护网。②污染源综合整治工程。规划关闭排污口两个，处理垃圾 15 000 t。规划搬迁一级、二级保护区内的所有人口，约 10 000 人。一级保护区内禁止建设规模化禽畜养殖场，在二级保护区内禁止新建、扩建规模化禽畜养殖场；流域内已有的禽畜养殖场的地面要进行防渗处理，以杜绝对水源的污染。

2）东武水源地保护工程。具体措施包括：①隔离防护工程。规划采用物理隔离工程和生物隔离工程相结合的保护措施。物理隔离工程，在水源地井群的单井周边 50 m 的范围内建设护栏，护栏总长 4500 m；生物隔离工程，在水源地井群的单井周边 50~100 m 的范围内建设防护林或其他防护植物，总面积为 0.2 km²。②污染源综合整治工程。控制点源污染，关闭排污口两个，处理垃圾 20 000 t，治理农田面源污染 50 km²。

3）角峪、彩山、小安门、山阳水库的水源保护工程。具体措施包括：

①隔离防护工程。在保护区边界设立物理或生物隔离设施，防止人类活动等对水源地保护和管理的干扰，拦截污染物，避免其直接进入水源保护区。②污染源综合整治工程。对保护区现有点源、面源、内源、线源等各类污染源采取综合治理措施，对直接进入保护区的污染源采取分流、截污及入河、入渗控制等工程，阻隔污染物直接进入水源地水体。

此外，重要水源地保护工程还涉及东周水库水源地保护工程，规划建设湿地 114 hm²，建设拦河坝 7 座，修建桥梁 3 座，修建道路 13 km；金斗水库水源地保护工程，建设湿地 8 hm²，修建拦河坝两座；光明水库水源地保护工程，建设湿地 2 hm²，修建拦河坝 1 座，加固拦河坝 1 座。

### 8.3.1.3 清洁小流域治理

结合泰安市大汶河流域水土流失特点及成因分析，融合清洁小流域治理和传统水土流失治理模式，针对域内 8 个项目区，提出关键水土保持措施，并有区分性地布设生态防护林建设工程。

**（1）泰山东麓泰山项目区**

泰山东麓泰山项目区位于泰城主要水源地黄前水库周边，涉及 3 个乡镇，分别是大津口乡、省庄镇、泰前办事处。治理方向主要为生态型小流域和生态-农业-经济型小流域建设，规划治理水土流失面积 108 km²。该项目区采取封育、沟头防护、造林、整地、沟道拦蓄、保土耕作等措施，涵养水源，改善环境，打造具有一定规模的经济林果产业基地，建设一批能够提供休闲旅游服务功能的清洁型小流域。

**（2）泰山东麓岱岳项目区**

泰山东麓岱岳项目区涉及黄前镇、下港乡。小流域治理方向以生态-农业-经济型小流域为主，项目区治理面积 102 km²。该项目区以坡面整地和发展特色经济林果为主，沟道谷坊拦蓄为水土保持重点。

**（3）泰山西麓岱岳项目区**

泰山西麓岱岳项目区涉及 3 个乡镇，分别是道朗镇、夏张镇、满庄镇。小流域治理方向以生态-农业-经济型小流域和生态-经济型小流域为主，治理水土流失面积 55 km²。该项目区大力实施坡改梯工程和经济林建设，配套塘坝、谷坊、水池等小型水土保持工程，发展生态农业和经济林园区。

**（4）徂徕山周边岱岳区和新泰市项目区**

徂徕山周边岱岳区和新泰市项目区范围涉及岱岳区徂徕镇、良庄镇、化马湾乡和新泰市天宝镇4个乡镇，治理水土流失面积131.2 km$^2$。该项目区以造林、整地、沟道拦蓄、保土耕作等为主要措施，涵养水源，改善环境。

**（5）新泰市莲花山坡耕地项目区**

新泰市莲花山坡耕地项目区综合治理5°~15°的坡耕地。新修水平梯田9.8 km$^2$，其中土坎梯田1.85 km$^2$、石坎梯田7.95 km$^2$。

**（6）新泰市东部和南部项目区**

新泰市东部和南部项目区位于大汶河一级支流柴汶河中、上游区，涉及8个乡镇，分别是龙廷镇、青云办事处、小协镇、刘杜镇、放城镇、石莱镇、汶南镇、东都镇。治理方向主要为生态型小流域和农业型小流域建设，治理水土流失面积202 km$^2$。该项目区以山岭采取封育，沟头防护，坡面中部整地造林，坡下坡改梯，配套沟道拦蓄、坡面集水等措施，以达到涵养水源，改善环境的效果，通过整地改土提高农业水资源保证能力。

**（7）肥城市中部和北部项目区**

肥城市中部和北部项目区涉及老城、王瓜店、湖屯、潮泉、石横、孙伯、安站7个乡镇。治理方向主要为生态型小流域和生态-农业-经济型小流域建设，治理水土流失面积121 km$^2$。对人口稀少、植被覆盖率高的生态良性区域、河库周边和中小河流上游区域实行封禁封育保护，充分发挥小流域的自我生态修复能力；在主要农业生产区，采取以坡面水系截留排导工程、坡改梯工程、沟道拦沙蓄水工程、水保林、经济林等为重点的水土保持措施，形成集中连片的经济林果产业基地，建设两条有文化特色的清洁型小流域，发展休闲观光农业。

**（8）宁阳县东部项目区**

宁阳县东部项目区位于柴汶河下游，涉及3个乡镇，分别是东庄镇、华丰镇、磁窑镇。治理方向上以农业型和生态-经济型为主，治理面积134 km$^2$。该项目区在坡面中下游实施整地改土，配套小型水土保持工程措施，提升农业生产力水平；在下游入河口疏浚排水通道，利用库、塘工程构建人工湿地和水系景观，发展生态农业和旅游农业。

## 8.3.2 水功能重点保护区的水生态系统保护与修复

### 8.3.2.1 水生态系统保护与修复目标

近年来，随着泰安市工农业生产的不断发展，水质污染逐渐趋于严重。水功能重点保护区的水生态系统保护与修复工作集中在三方面：一是大力推广节约型、清洁型农业技术，建设集约化养殖场和养殖小区，推行农村生活污染源排放控制，大力削减农业面源污染；二是加快建设污水处理厂及配套工程，做好原有污水处理厂技术升级改造，增加深度处理工艺，实现城市污水的达标排放；三是强化泰城至磁窑-华丰高端产业聚集带、宁阳-堽城产业带、肥城至王瓜店-石横产业带、新泰产业带、东平-州城产业带的综合整治，全面拆除和封堵设置在东平县缓冲区内的排污口，控制和减少工业以及采矿废污水对于大汶河生态系统的影响，全面提升水功能区的达标率。

综上，水功能重点保护区水生态系统保护与修复目标见表8-8。

表8-8 水功能重点治理区的水生态系统保护与修复目标

| 水生态系统保护与修复目标 | 现状值 | 目标值 |
| --- | --- | --- |
| 水功能区达标率/% | 40 | 100 |

### 8.3.2.2 农业面源集中收集处理工程

在新泰市、肥城市、宁阳县三大农业发展区域大力推广节约型农业技术，推广测土配方施肥技术，提倡增施有机肥，合理使用高效、低毒、低残留农药，测土配方施肥覆盖率达到100%。建设集约化养殖场和养殖小区，加快建设养殖场沼气工程和畜禽养殖粪便资源化利用工程，防治畜禽养殖污染。建设秸秆、粪便、生活垃圾等有机废弃物处理设施，推进人畜粪便、生活垃圾等向肥料、饲料、燃料转化，秸秆综合利用率提升至95%以上，人畜粪便无害化处理率达到70%。建设农村户用沼气10万户，大中型沼气工程50处。推行农村生活污染源排放控制，探索分散型污水处理技术的推广和应用，逐步控制非点源污染负荷，减少非点源污染物入河量。

#### 8.3.2.3 城市污水处理厂及配套管网工程

**(1) 城市污水处理厂及配套工程建设**

现有泰安市第一污水处理厂、第二污水处理厂、第三污水处理厂、岱岳区大汶口石膏工业园污水处理厂、新泰污水处理厂、新汶污水处理厂、肥城市康龙污水处理厂、肥城市康汇污水处理厂、宁阳县污水处理厂和东平县污水处理厂共计10座，年处理规模合计16 425万t。规划建设新泰市楼德镇循环经济产业园污水处理厂、肥城市汶阳污水处理工程、宁阳县工业园区（磁窑镇）污水处理厂项目，新增污水处理能力2190万t/a。在完成"一县一厂"建设目标的同时，确保污水处理设施全天24h正常运行，达到国家规定的满负荷运转率，确保城市生活污水实现100%达标排放。加快建设城区及河道管网设施工程项目，增加配套污水和再生水配套管网设施，规划流域内重点县镇铺设污水管网413 km，更新改造城区部分老化管网，基本实现雨污分流，确保道路之间及河道污水管网间的完善贯通。

**(2) 污水处理技术升级改造及再生水回用项目**

目前，泰安市半数污水处理厂出水标准为国家一级B，规划采用格栅、沉砂、沉淀等一级处理工艺与活性污泥、$A^2/O$、SBR、氧化沟等二级处理工艺结合的市政污水处理技术，集中建设一批集中式市政污水处理厂，提升泰城区第一污水处理厂、第二污水处理厂、第三污水处理厂、新汶污水处理厂、东平污水处理厂的出水标准达到国家一级A。在确保原有再生水回用工程正常运行使用的同时，建设新泰市新汶城区再生水回用工程，实现日供再生水2万t，配套铺设新汶城区再生水管网45 km，为工业用水、河道景观用水和市政绿地浇洒提供再生水源。定期更新改造老化污水处理设备，定期彻底检修运行设备并进行防腐处理。

#### 8.3.2.4 产业带污染治理和排污口整治工程

强化泰城至磁窑-华丰高端产业聚集带、宁阳-堽城产业带、肥城至王瓜店-石横产业带、新泰产业带、东平-州城产业带的综合整治，集中培育汽车及零部件、输变电设备等优势产业，打造高端机械设备和新材料产业聚集区、高端商住服务区以及以盐化工、石膏产品、钢材物流、机械加工制造、新能源等产品为主的先进制造业聚集区同时，提升工业废水处理能力，建设一批工业废水深度处理工程，加快人工湿地水质净化工程建设，采用混凝、沉淀、气浮等一级处理工艺和 UASB、接触氧化、生物滤池、内电解、高级氧化等高级处理工艺耦合的综合处理技术，提升出水标准。排污口明渠改为暗管输水，并进行防渗处理。关闭零散、小型采矿企业，全面拆除和封堵设置在东平县缓冲区内的 3 处排污口。

**(1) 磁窑–华丰高端产业聚集带废水深度处理及人工湿地工程**

规划建设泰安联合生物化学科技有限公司 200t/d 高浓度农药生产废水深度处理工程、泰安鲁怡针织印染有限公司水污染防治设施再提高及回用工程、大汶河流域泮河（天泽湖）人工湿地水质净化工程、泰安市上泉湿地水质净化工程、大汶河流域汶口人工湿地水质净化工程，设计处理能力合计 73.27 万 t/d。

**(2) 宁阳–堽城产业带废水深度处理及人工湿地工程**

规划建设山东大地纸业有限公司清洁生产及废水综合利用项目、山东天和纸业有限公司废水深度治理及废物资源化利用项目、宁阳沟人工湿地水质净化工程、大汶河（蒋集段）人工湿地水质净化工程，设计处理能力共计 14.9 万 t/d。其中，山东天和纸业有限公司废水深度处理项目配套建设回用水系统及废物资源化利用系统。

**(3) 肥城至王瓜店–石横产业带废水深度处理及人工湿地工程**

规划建设泰安瑞泰纤维素有限公司纤维素醚生产废水深度治理项目、山东索力得焊材有限公司污水深度处理及资源化利用工程、山东一滕化工有限公司污水深度处理及资源化利用工程、肥城市石横镇丘明湖人工湿地水质净化工程、康王河和龙山河人工湿地水质净化工程，设计处理能力约 3.95 万 t/d。其中，山东索力得焊材有限公司污水深度处理及资源化利用工程和山东一滕化工有限公司污水深度处理及资源化利用工程均实施废水循环利用。

**(4) 新泰产业带废水深度处理及人工湿地工程**

规划建设新泰市柴汶河人工湿地水质净化工程、新泰胜原化工有限责任公司废水深度治理项目、山东高佐矿业集团有限公司碗窑头煤矿矿井水处理利用工程、新泰市循环经济产业园污水处理工程、新汶矿业集团有限责任公司华源矿井水处理站，设计处理能力共计8.64万t/d。其中，山东高佐矿业集团有限公司碗窑头煤矿矿井水处理利用工程出水作为生活和工业生产用水循环使用，新泰市循环经济产业园污水处理工程出水的40%回用，新汶矿业集团有限责任公司华源矿井水处理站出水约50%进行回用。

## 8.3.3 生态景观建设区的水生态系统保护与修复

### 8.3.3.1 水生态系统保护与修复目标

生态景观建设区的水生态系统保护与修复主要集中在以下两方面：一是加快泰城区河湖补水工程以及人工渠系改造工程建设，营造城市河流水景观。通过城区水系生态景观建设，创造观光休闲的舒适环境，提升当地居民的生活质量和品味。二是大力开发、利用和保护东平湖天然风景资源和历史文化底蕴，加快人工湿地和水文化景点建设，改善区域小气候条件，维护大汶河生态系统的多样性和健康可持续。

综上，生态景观建设区的水生态系统保护与修复目标见表8-9。

表8-9 生态景观建设区水生态系统保护与修复目标

| 水生态系统保护与修复目标 | 现状值 | 目标值 |
| --- | --- | --- |
| 湿地面积/km$^2$ | 139 | 154 |
| 景观平均水位/m | 1.2 | 2~3 |

### 8.3.3.2 景观用水保障工程

泰安市城区主要河流均为泮汶河水系。泮汶河位于泰城西南部，是大汶河五大支流之一，起源于泰山主峰以西，流域面积368 km$^2$，河道长42 km。泮汶河主要支流有奈河、梳洗河、七里河、双龙河和冯庄河，均发源于泰山，由北向南穿过泰安城区，经泮汶河流入大汶河。奈河发源于玉皇顶西龙角山下，流域面积16 km$^2$，河道长8 km。梳洗河发源于南天门下，流域面积28 km$^2$，河道长15 km。七里河发源于傲来峰南，流域面积6 km$^2$，河道长4 km。双龙河发源于泰山天烛峰以东，流域面积 35 km²，河道长 21 km。冯庄河发源于泰山区李家泉，流域面积 93 km²，河道长 21 km。

生态景观建设区紧密围绕"七湖九河"总体规划，打造"依山傍水"的城市生态格局，形成山、水、城相映的独特城市景观。泰城单元区以充分利用泰山的雨洪资源，美化泰城水系为目标，从泰城水系的实际出发，分析研究泰安城区暴雨与径流规律，运用系统工程观点，工程措施与非工程措施相结合，通过洪水的蓄与排、滞与泄的均衡与协调，正确处理山洪与城区地面径流的蓄泄关系，达到蓄水兴利，以水生景的目的。其他单元主城区加快建设拦河蓄水工程，配套建设绿化美化和旅游、文化等设施，打造城市滨水景观区，建设带状绿地，保障景观水质到达规定标准。

**(1) 泰城河道湖泊补水工程**

泰城河道湖泊补水工程线路如图 8-3 所示，具体建设内容为：规划连通胜利渠、冯庄河、双龙河，在交汇处设置泄水闸闸门和启闭设备，在胜利渠与岱道庵路交汇处建设泵站，沿温泉路向北铺设管线 1.8 km，调水入环山路与岱道庵路交汇处的水库，经由溢洪道放水入黄前水库西干渠，再利用黄前水库西干渠输水到城区河流上游，实现泰城区河道补水。同时调水到环山路刘家庄水库

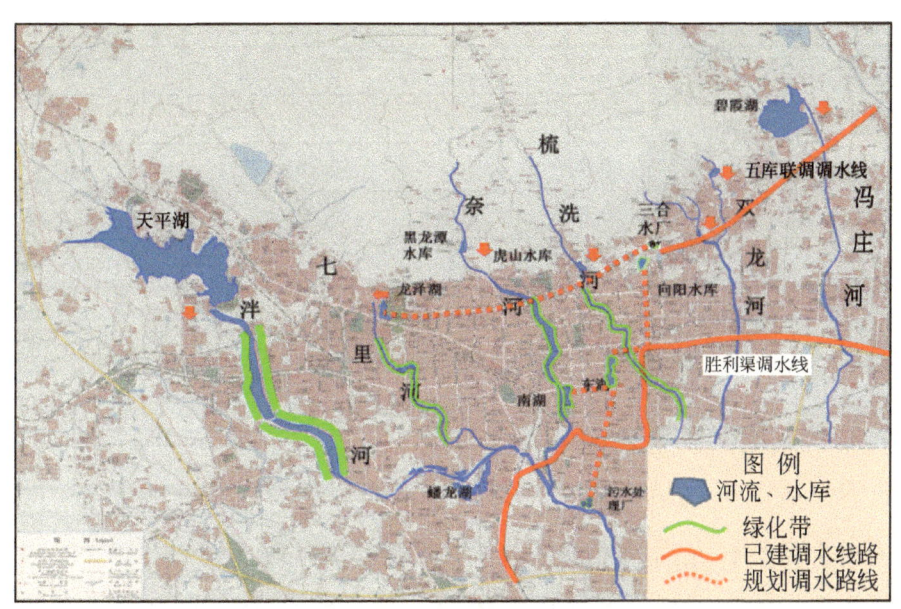

图 8-3　泰城河道湖泊补水工程线路示意图

附近，补给龙泽湖及时代发展线环境用水。此外，规划在胜利渠跨东湖路设置泵站，通过东湖自流向南湖补水。经计算，预计全年实现向泰城区河道湖泊补水 1.7 亿 $m^3$，满足城区河道景观需水要求。

**（2）人工渠系改造工程**

强化老泰莱路、迎春路、龙潭路胜利渠段综合治理，规划采用钢筋混凝土板或浆砌石拱涵将穿过村庄和居民区的渠道封闭，改明渠为暗渠，其上做适度绿化或商业开发。胜利渠两侧各 5m 开展渠系绿化。通过翻板闸及橡胶坝建设，扩大水面面积，形成城区水生态景观（表 8-10），预计将新增水面面积 7 $km^2$。

表 8-10 泰城区水生态景观参数列表

| 名称 | 平均水面面积/$km^2$ | 设计水位/m | 补水量/万 $m^3$ |
| --- | --- | --- | --- |
| 东湖 | 0.14 | 3.00 | 42.00 |
| 南湖 | 0.15 | 3.00 | 45.00 |
| 蟠龙湖 | 0.48 | 3.00 | 144.00 |
| 泮河 | 1.65 | 2.00 | 350.22 |
| 七里河 | 0.70 | 2.00 | 148.08 |
| 奈河 | 0.73 | 2.00 | 153.81 |
| 梳洗河 | 0.69 | 2.00 | 146.81 |
| 双龙河 | 0.78 | 2.00 | 165.89 |
| 冯庄河 | 0.59 | 2.00 | 125.93 |
| 芝田河 | 0.77 | 2.00 | 162.82 |
| 凤凰河 | 0.32 | 2.00 | 68.27 |
| 合计 | 7.00 | — | 1552.83 |

### 8.3.3.3 景观湿地保育工程

**（1）景观湿地保育名录**

大汶河流域内湿地星罗棋布，突出特征表现为：①湿地点分散、线集中。大型湖泊由于自然和人为因素发生分割和萎缩，湖泊面积不大，0.08~1 $km^2$ 的湖泊数量居多，大型湿地主要集中在大汶河水系沿线上。②湿地分布地域差别明显。泰安城区湖泊主要为人工湖泊，人为因素影响显著，具有水资源缺乏和水环境污染双重压力，泰城区以外湖泊受人为活动干扰较小，自然形态保护较好，但农业面源污染也对湿地水环境造成一定的威胁。③湿地多为典型浅水草型湖泊。由于地下水与地表水有较好的连通性，加之地质构造作用，域内湖泊水深一般为 0.8～2 m，水深较浅，芦苇和蒲草等挺水植物广泛发育，为候鸟栖息提供了良好的生存环境。

根据大汶河流域内的湿地特点，以重点湖泊保育为目标，分析湖泊重要性等级。分级原则如下。

1）已被列入国际、国家级重要湿地名录的湿地湖泊，或已被国家有关部门批准建立的国家级湿地自然保护区、国家级湿地公园的湿地湖泊，或已被山东省政府或有关部门批准建立的省级湿地自然保护区、省级湿地公园的湿地湖泊。

2）面积大于 100 hm² 的单块湿地湖泊或多块湿地湖泊复合体，具有重要生态价值和保护意义的湿地湖泊。

3）作为国家重点保护野生动植物的重要栖息地、繁衍地的湿地湖泊。

4）具有显著历史文化意义的湿地湖泊。

5）为改善环境特定建造的大型人工湿地湖泊。

依据以上原则和标准，大汶河流域内筛选出 9 处重要湿地湖泊（表 8-11），其中现有湿地湖泊 7 处，规划新建湿地 2 处。预计大汶河流域内湿地水面面积将新增 15.18 km²，基本实现生态景观建设区的水生态系统保护与修复目标。

表 8-11 大汶河流域重要湿地湖泊名录

| 序号 | 湖泊名称 | 常年水面面积/km² | 新建水面面积/km² | 类型 |
| --- | --- | --- | --- | --- |
| 1 | 碧霞湖 | 0.19 | — | 市区湿地保护区 |
| 2 | 天平湖 | 2.90 | — | 市区湿地保护区 |
| 3 | 东湖 | 0.14 | — | 市区湖泊、人工修建 |
| 4 | 南湖 | 0.15 | — | 市区湖泊、人工修建 |
| 5 | 天泽湖 | 2.70 | — | 人工修建大型湖泊 |
| 6 | 蟠龙湖 | 0 | 0.48 | 市区湖泊、人工修建 |

续表

| 序号 | 湖泊名称 | 常年水面面积/km² | 新建水面面积/km² | 类型 |
|---|---|---|---|---|
| 7 | 天颐湖 | 4.10 | — | 人工修建大型湖泊 |
| 8 | 稻屯洼湿地 | 0 | 14.70 | 国家级水利风景区 |
| 9 | 东平湖 | 124.00 | — | 国家级水利风景区 |
| 合计 | — | 134.18 | 15.18 | — |

#### (2) 东平湖湿地建设工程

东平湖位于大汶河下游,是山东省境内第二大淡水湖泊,也是南水北调东线工程的重要枢纽,最大蓄水量为 40 亿 m³。计划在东平湖北出口建设旧县东平湖出口人工湿地水质净化工程、稻屯洼人工湿地工程以及高标准环湖生态防护林,确保南水北调供水水质的同时,维护和发展东平湖水生生物多样性,保护和恢复东平湖生态支持功能。

规划开展东平湖风景名胜区建设项目,在保持原有地形地貌、山水、田园等景观特点的基础上,以原有自然群落为前提,重视和保护现有的植被,按照增强生态稳定性的原则,对重点地段进一步绿化和美化。湖滨泊岸以垂柳、莲花、浮萍等植物为主,适当增加色叶木比重,种植方式以自然式为主,体现烂漫绚丽美。以可持续发展的原则指导景区的风景资源、山体水源和生态环境的保护和培育工作,保证自然完整性,提高生态环境保护度,逐步达到最佳的人水和谐状态。

### 8.3.4 河流廊道景观建设区的水生态系统保护与修复

#### 8.3.4.1 水生态系统保护与修复目标

河流廊道景观建设区的水生态系统保护与修复工作主要集中在以下两方面:一是完成城区主要河段治理工作,推进生态护岸和绿化带建设工程,大幅提升绿植覆盖面积,保护和恢复沿河植被,提高水生生物多样性,实现水清、岸绿的河道水系生态化愿景;二是改扩建和新建水利风景区,加快建设人工湿地，依托水利风景区和水文化景点建设，提升城市景观舒适度，突出大汶河流域山水风景资源特色。

综上，河流廊道景观建设区的水生态系统保护与修复目标见表8-12。

表8-12　河流廊道景观建设区的水生态系统保护与修复目标

| 水生态系统保护与修复目标 | 现状值 | 目标值 |
| --- | --- | --- |
| 生态护岸长度/km | — | 147.5 |
| 水利风景区个数/个 | 12 | 33 |

### 8.3.4.2　生态护岸与绿化带建设工程

**(1) 大汶河生态修复工程**

大汶河干流修建生态护岸21.02 km，沿河修建生态绿化带。对海子河、龙泉河、王家河、苗河、小汇河、孙伯河、月河、安凤河、纸坊河、陆房河、白吉河和跃进河12条大汶河支流进行治理，主要建设内容包括新建拦河坝23座，新建拦河闸2座，生态绿化带48 km。其中，海子河修建生态护岸3 km，苗河修建生态护岸3 km，小汇河建设生态护岸5 km，跃进河建设生态护岸3 km。

**(2) 牟汶河生态修复工程**

牟汶河干流新建生态护岸24 km，沿河建设生态绿化带。对瀛汶河、石汶河、公家汶河、梭庄河、麻塔河、砚池河、芝田河、明堂河、双龙河、泮汶河、惠河、陶河、小漕河、石良河、良庄河和寺河16条主要支流实施生态修复工程，主要建设内容：瀛汶河修建生态护岸12.1 km，石汶河修建生态护岸10.7 km，公家汶河修建生态护岸2 km，泮汶河修建生态护岸10.5 km，惠河修建生态护岸2 km，陶河修建生态护岸7.2 km，石良河修建生态护岸3 km。

**(3) 柴汶河生态修复工程**

柴汶河干流修建生态护岸15 km，建设沿河绿化带。对渭水河、平阳河、羊流河、西周河、迈莱河、光明河、禹村河、岙阳河、淞河、段孟李河、谷里河、东庄河、赵河、羊舍河、泉河、官里河、柴城河、辛庄河、东柳河、泥沟河、祝福庄河、天宝河、龙黄沟、石崮河、北鄙河和故城河26条主要支流实施生态修复工程，主要建设内容：渭水河修建生态护岸6 km，平阳河修建生态护岸 2 km，羊流河修建生态护岸 2 km，光明河修建生态护岸 2 km，石崮河修建生态护岸 2 km。

**（4）汇河生态修复工程**

汇河干流新建土工格栅护岸 4 km，植草砖护坡 16 000 km²，生态绿化栽植林木 11.4 万株。对大中泉河、穆家河、湖屯河、山阳铺河、大留河、红石河、胡子沟、六里河、东金线河、金线河、项白河和五里屯河 12 条支流实施生态修复工程，主要建设内容：新建拦河坝 16 座，东金线河修建生态护岸 12 km。

**（5）漕浊河生态修复工程**

漕浊河干流新建土工格栅护岸 3 km，植草砖护坡 12 000 km²，生态绿化栽植林木 25.7 万株。对青年河、漕河、东向河、浊河、营盘河、洼里河、马埠河和泉河 8 条支流实施生态修复工程，主要建设内容：新建拦河坝 7 座，生态绿化栽植林木 52.21 万株。

### 8.3.4.3  水利风景区建设工程

大汶河干流规划新建水利风景区 7 处；牟汶河干流新建拦河坝 34 座，水利风景区 7 处；柴汶河干流新建水利风景区 3 处；汇河干流新建拦河坝 2 座，改建拦水闸 5 座，水利风景区 2 处；漕浊河干流新建拦河坝 2 座，改建拦水闸 3 座，水利风景区 2 处。规划大汶河流域内水利风景区保有个数将达到 33 处。

# 参 考 文 献

蔡其华.2005.维护健康长江,促进人水和谐.中国水利,(8):7-9.

常太平.2005.长江扬中段采砂对水生生物的影响.长江工程职业技术学院学报,22(3):5-8.

达维道夫ЛK,康金娜Hr.1963.普通水文学.杨显明,译.北京:商务印书馆.

邓红兵,王庆礼,蔡庆华.1998.流域生态——新科学、新思想、新途径.应用生态学报,(8):1-7.

董哲仁.2004.河流保护的发展阶段及思考.中国水利,17:16-17.

董哲仁.2005.河流健康的内涵.中国水利,(4):15-18.

段辛斌,刘邵平,熊飞,等.2008.长江上游干流春季禁渔前后三年渔获物结构和生物多样性分析.长江流域资源环境,17(6):878-885.

段学花.2009.河流水沙对底栖动物的生态影响研究.清华大学博士学位论文.

傅伯杰,陈利顶,马克明,等.2001.景观生态学原及应用.北京:科学出版社.

耿雷华,刘恒,钟华平,等.2006.健康河流的评价指标和评价标准.水利学报,37(3):253-258.

郭秀锐,杨居荣,毛显强.2002.城市生态系统健康评价初探.中国环境科学,22(6):525-529.

洪松,陈静生.2002.中国河流水生生物群落结构特征探讨.水生生物学报,3:295-305.

胡春宏,陈建国,郭庆超,等.2005.论维持黄河健康生命的关键技术与调控措施.中国水利水电科学研究院学报,3(1):1-5.

姜秋香,付强,王子龙,等.2011.三江平原水土资源空间匹配格局.自然资源学报,26(2):270-277.

李国英.2004.黄河治理的终极目标是"维持黄河健康生命".人民黄河,26(1):1-3.

李鹏,安黎哲,冯虎元,等.2001.黑河流域底栖动物的研究.兰州大学学报,1:82-86.

梁义芬.2002.长江上游南溪段饵料生物资源初步调查.四川动物,21(4):229-230.

林和山,蔡立哲,梁俊彦,等.2009.深沪湾大型底栖动物群落及其次级生产力初步研究.台湾海峡,28(4):520-526.

凌青根.2001.生态系统健康与服务功能.华南热带农业大学学报,7(4):67-74.

刘建康.1999.高级水生生物学.北京:科学出版社.

刘元元.2006.受损河流的治理与生态修复——以深圳市布吉河为例.北京:北京大学.

卢升高,吕军.2002.环境生态学.杭州:浙江大学出版社:59-68.

卢晏生,李再培,云宝琛,等.1988.松花江水系水生生物的初步研究.水生生物学报,1:82-84.

陆中臣,舒晓明.1988.河型及其转化的判别.地理研究,7(2):7-16.

栾建国,陈文祥.2004.河流生态系统的典型特征和服务功能.人民长江,9:41-43.

马正学,宋玉珍,胡春香,等.1995.黄河兰州段的藻类调查.西北师范大学学报,31(3):67-71.

倪晋仁,马蔼乃.1998.河流动力地貌学.北京:北京大学出版社.

倪晋仁，刘元元．2006．论河流生态修复．水利学报，37（9）：1029-1037．

倪晋仁，金玲，赵业安，等．2002．黄河下游河流最性态环境需水量初步研究．水利学报，10：1-7．

钱宁，张仁，周志德．1987．河床演变学．北京：科学出版社．

芮孝芳．2004．水文学原理．北京：水利水电出版社．

单秀娟，线薇薇，武云飞．2004．长江河口生态系统鱼类浮游生物生态学研究进展．海洋湖沼通报，（4）：87-93．

沈红保，李科社，张敏．2007．黄河上游鱼类资源现状调查与分析．河北渔业，（6）：37-41．

石伟，王光谦．2003．黄河下游输沙水量研究综述．水科学进展，14（1）：118-123．

舒俭民，宋福，付德黔，等．1998．长江源区浮游生物调查初报．中国环境监测，14（5）：7-9．

宋玉珍，马正学，王珪．1995．黄河兰州段大型底栖无脊椎动物调查．甘肃科学学报，7（2）：79-81．

孙亚东，赵进勇．2005．流域尺度的河流生态修复．水利水电技术，5：11-14．

唐涛，蔡庆华，刘建康．2002．河流生态系统健康及其评价．应用生态学报，13（9）：1191-1194．

王超，朱党生，程冰．2002．地表水功能区划分系统的研究．河海大学学报（自然科学版），30（5）：7-11．

王光谦，张红武，夏军强．2005．游荡型河流演变及模拟．北京：科学出版社．

王浩，秦大庸，王建华．2002．流域水资源规划的系统观与方法论．水利学报，（8）：146-151．

王金辉，黄秀清，刘阿成，等．2004．长江口及邻近水域的生物多样性变化趋势分析．海洋通报，23（1）：32-39．

王锦国，周志芳，袁永生．2002．可拓评价方法在环境质量综合评价中的应用．河海大学学报（自然科学版），30（1）：15-18．

王随继，任明达．1999．根据河道形态和沉积物特征的河流新分类．沉积学报，17（2）：240-246．

吴阿娜，杨凯，车越，等．2005．河流健康状况的表征及其评价．水科学进展，16（4）：602-608．

吴耀泉．2007．三峡库区蓄水期长江口底栖生物数量动态分析．海洋环境科学，26（5）：138-141．

吴振斌，贺锋，付贵萍，等．2002．深圳湾浮游生物和底栖动物现状调查研究．海洋科学，26（8）：58-64．

谢鉴衡．2004．江河演变与治理研究．武汉：武汉大学出版社．

徐东坡，张敏莹，刘凯，等．2006．长江安庆江段春禁前后渔业生物多样性变化．安徽农业大学学报，33（1）：76-80．

徐宗军，张绪良，张朝晖．2010．莱州湾南岸滨海湿地的生物多样性特征分析．生态环境学报, 19 (2): 367-372.

阎水玉, 王祥荣. 2002. 生态系统服务研究进展. 生态学杂志, 21 (5): 61-68.

尹学良. 1965. 弯曲性河流形成原因及造床试验初步研究. 地理学报, 31 (4): 287-303.

尤平, 任辉. 2001. 底栖动物及其在水质评价和监测上的应用. 淮北煤师院学报, 22 (4): 44-48.

岳健, 穆桂金, 杨发相, 等. 2005. 关于流域问题的讨论. 干旱区地理, (12): 121-126.

曾德慧, 姜凤岐, 范志平, 等. 1999. 生态系统健康与人类可持续发展. 应用生态学报, 10 (6): 751-756.

张博庭. 2005. 关于河流生态伦理问题的探讨——对"生态系统整体性与河流伦理"一文的不同看法. 水利发展研究, (2): 4-9.

张春霖. 1954. 中国淡水鱼类的分布. 地理学报, 20 (3): 279-285.

张军燕, 张建军, 杨兴中, 等. 2009. 黄河上游玛曲段春季浮游生物群落结构特征. 生态学杂志, 28 (5): 983-987.

张玉军. 2009. 三门峡黄河湿地植物和鸟类资源现状与保护. 河北农业科学, 13 (2): 71-72.

张远, 郑丙辉, 刘鸿亮, 等. 2006. 深圳典型河流生态系统健康指标及评价. 水资源保护, 22 (5): 13-17.

张征, 翟良安, 李谷, 等. 1995. 长江天鹅洲故道浮游生物调查及鱼产力估算. 淡水渔业, 25 (5): 16-18.

赵彦伟, 杨志峰. 2005. 城市河流生态系统健康评价初探. 水科学进展, 16 (3): 349-355.

周宜林, 唐洪武. 2005. 冲积河流河床稳定性综合指标. 长江科学学院院报, 1: 16-20.

朱鑫华, 刘栋, 沙学绅. 2002. 长江口春季鱼类浮游生物群落结构与环境因子的关系. 海洋科学集刊, (44): 169-178.

Abell R, Thieme M L, Revenga C, et al. 2008. Freshwater ecoregions of the world: a new map of biogeographic units for freshwater biodiversity conservation. Bioscience, 58 (5): 403-414.

Barbour M T, Gerritsen J, Snyder B D, et al. 1999. Rapid bioassessment protocols for use in streams and wadeable rivers: periphyton, benthic macroinvertebrates and fish, Second Edition. Washington D C: U. S. Environmental Protection Agency: 1-10.

Beisel J N, Usseglio-Polatera P, Thomas S, et al. 1998. Stream community structure in relation to spatial variation: the influence of microhabitat characteristics. Hydrobiologia, 389: 73-88.

Biggs L. 1994. Stream grazer densities and nutrients. New Zealand Journal of Marine and Freshwater Research, 28: 119-134.

Blanch S J, Walker K F, Ganf G G. 2000. Water regimes and littoral plants in four weir pools of the River Murray. Regul. Rivers: Res. Mgmt. , 16: 445-456.

Borja A, Miles A, Occhipinti-Ambrogi A, et al. 2009. Current status of macroinvertebrate methods used for assessing the quality of European marine waters: implementing the Water Framework Directive. Hydrobiologia, 633 (1): 181-196.

Brath A, Montanari A, Moretti G. 2006. Assessing the effect on flood frequency of landuse change via hydrological simulation (with uncertainty). Journal of Hydrology, 324 (1): 141-153.

Brierley G J, Fryirs K. 2000. River styles, a geomorphic approach to catchment characterization: implications for river rehabilitation in Bega Catchment, New South Wales, Australia. Environmental Management, 25 (6): 661-679.

Brosse S, Arbuckle C J, Townsend C R. 2003. Habitat scale and biodiversity: influence of catchment, stream reach and bedform scales on local invertebrate diversity. Biodiversity and Conservation, 12 (10): 2057-2075.

Brown L, Hannah D M, Milner A M. 2009. ARISE: a classification tool for Alpine River and Stream Ecosystems. Freshwater Biology, 54: 1357-1369.

Bunn S E, Arthington A H. 2002. Basic principles and ecological consequences of altered flow regimes for aquatic biodiversity. Environmental Management, 30: 492-507.

Converse Y K, Hawikins C P, Valdez R A. 1998. Habitat relationships of subadult humpback chub in the Colorado River through Grand Canyon: Spatial variability and implications of flow regulation. Regul. River: Res. Mgmt. , 14: 267-284.

Costanza R, Bryan G N, Benjamin D H. 1992. Ecosystem health: new goals for environmental management. Washington: Island Press: 239-256.

Dallas H F. 2000. Ecological reference conditions for riverine macroinvertebrates and the River Health Programme, South Africa. Maputo: Proceedings of the First WARFSA/WaterNet Symposium.

Davis W M. 1899. The geographical cycle. Geogr. J. , 14: 481-504.

Davy B J, Clarke R T, Johnson R K, et al. 2006. A comparison of the European Water Framework Directive physical typology and RIVPACS-type models as alternative methods of establishing reference conditions for benthic macroinvertebrates. Hydrobiologia, 566: 91-105.

Fairweather P G. 1999. State of environmental indicators of "river health": exploring the metaphor. Freshwater Biology, 41: 221-234.

Foerster J, Gutowski A, Schaumburg J. 2004. Defining types of running waters in Germany using benthic algae: A prerequisite for monitoring according to the Water Framework Directive. Journal of Applied Phycology, 16: 407-418.

Fox P J A, Naura M, Scarlett P. 1998. An account of the derivation and testing of a standard field method, River Habitat Survey. Aquatic Conservation: Marine and Freshwater Ecosystems, 8 (4): 455-475.

Frédéric R. 2009. Benthic diatom assemblages and their correspondence with ecoregional classifications: case study of rivers in north-eastern France. Hydrobiologia, 636: 137-151.

Frissell C A. 1986. A hierarchical framework for stream habitat classification: viewing streams in a watershed context. Environmental Management, 10 (2): 199-214.

Gordon N D, McMahon T A, Finlayson B L. 2004. Stream hydrology: An introduction for ecologists. Chichester: John Wiley & Sons Ltd: 429.

Griffith M B, Hill B H, McCormick F H, et al. 2005. Comparative application of indices of biotic integrity based on periphyton, macroinvertebrates, and fish to southern Rocky Mountain streams. Ecological Indicators, 5 (2): 117-136.

Growns I, West G. 2008. Classification of aquatic bioregions through the use of distributional modeling of freshwater fish. Ecological Modeling, 217 (1-2): 79-86.

Grubaugh J W, Wallace J B, Houston E S. 1997. Production of benthic macroinvertebrate communities along a southern Appalachian river continuum. Freshwater Biology, 37 (3): 581-596.

Harris J H, Silveira R. 1999. Large-scale assessments of river health using an index of biotic integrity with low-diversity fish communities. Freshwater Biology, 41 (2): 235-252.

Hawkins C P, Vinson M R. 2000. Weak correspondence between landscape classifications and stream invertebrate assemblages: implications for bioassessment. J. N. Am. Benthol. Soc., 19 (3):501-517.

Hill B H, Stevenson R J, Pan Y D, et al. 2001. Comparison of correlations between environmental characteristics and stream diatom assemblages characterized at genus and species levels. Journal of the North American Benthological Society, 20 (2): 299-310.

Holmes N T H, Boon P J, Rowell T A. 1998. A revised classification system for British rivers based on their aquatic plant communities. Aquatic Conserv: Mar. Freshw. Ecosyst., 8: 555-578.

Huetm. 1959. Profiles and biology of Western European streams as related to fish management. Transactions of the American Fisheries Society, 88: 153-163.

Hunsaker C T, Levine D A. 1995. Hierarchical approaches to the study of water quality in rivers. Bioscience, 45 (3): 193-203.

Kamp U, Binder W, Hölz K. 2007. River habitat monitoring and assessment in Germany Environmental. Monitoring and Assessment, 127 (1-3): 209-226.

Karr J R. 1981. Assessment of biotic integrity using fish communities. Fisheries, 6 (6): 21-27.

Lane E W. 1957. A study of the shape of channels formed by natural stream flowing in erodible material. Missouri River: US Army Engineer Division.

Lanson A R, White L J, Doolan J A, et al. 1999. Development and testing of an index of stream condition for waterway management in Australia. Freshwater Biology, 41 (2): 453-468.

Leland H V. 1995. Distribution of phytobenthos in the Yakima River basin, Washington, in relation to geology, land use, and other environmental factors. Can. J. Fish Aquat. Sci., 52: 1108-1129.

Marchant R, Wells F, Newall P. 2000. Assessment of an ecoregion approach for classifying macroinvertebrate assemblages from streams in Victoria, Australia. J. N. Am. Benthol. Soc., 19 (3):497-500.

Meyer J L. 1997. Stream health: incorporating the human dimension to advance stream ecology. Journal of the North American Benthological Society, (16): 439-447.

Newall P, Bate N, Metzeling L. 2006. A comparison of diatom and macroinvertebrate classification of sites in the Kiewa River system, Australia. Hydrobiologia, 572: 131-149.

Norris R H, Thomas M C. 1999. What is river health? Freshwater Biology, 41 (2): 197-209.

Olivera F, DeFee B B. 2007. Urbanization and its effect on runoff in the Whiteoak Bayou watershed, Texas. Journal of the American Water Resources Association, 43 (1): 170-182.

Pan Y D, Stevenson R J, Hill B H. 1995. Using diatoms as indicators of ecological conditions in lotic systems: A regional assessment. Journal of the North American Benthological Society, 15 (4):481-495.

Pesch R, Schroeder W. 2008. Metal accumulation in mosses: Local and regional boundary conditions of biomonitoring air pollution. Umweltwissenschaften and Schadstoff- Forschung, 20 (2):120-132.

Petersen M M. 1999. A natural approach to watershed planning, restoration and management. Water Sciences and Technology, 39 (12): 347-352.

Petersen R C. 1992. The RCE: a riparian, channel, and environmental inventory for small streams in the agricultural landscape. Freshwater Biology, 27 (2): 295-306.

Petts G E. 1994. River: dynamic component of catchment ecosystems//The River Handbook: Hydrological and Ecological Principles. Vol. 2. Oxford: Blackwell Scientific Publication: 3-22.

Pip E. 1979. Survey of the ecology of submerged aquatic macrophytes in central Canada. Aquat. Bot., 7: 339-357.

Poff N L, Allan J D, Bain M B, et al. 1997. The Natural Flow Regime—A paradigm for river conservation and restoration. BioScience, 47 (11): 769-784.

Pont D, Hughes R M, Whittier T R, et al. 2009. A predictive index of biotic integrity model for aquatic-vertebrate assemblages of western US streams. Transactions of the American Fisheries Society, 138 (2): 292-305.

Potapova M, Charles D F. 2005. Choice of substrate in algae-based water-quality assessment. Journal of the North American Benthological Society, 24 (2): 415-427.

Raven P J, Fox P J A, Everard M, et al. 1997. River Habitat Survey: a new system for classifying rivers according to their habitat quality. Edinburgh: The Stationery Office: 215-234.

Rosgen D L. 1994. A classification of natural rivers. Catena, 22 (3): 169-199.

Rott E, Pipp E, Pfsiter P. 2003. Diatom Methods developed for river quality assessment in Austria and crosscheck against numerical tropic indication methods used in Europe. Algological Studies, 110: 91-115.

Saaty T L, Bennett J P. 1977. A theory of analytical hierarchies applied to political candidacy. Behavioral Science, 22 (4): 237-245.

Schumm S A. 1963. A tentative classification of alluvial river channels. USA: United States Geological Survey Circular: 477.

Schumm S A. 1973. Geomorphic thresholds and the complex response of drainage system. Fluvial geomorphology. New York: Publications of Geomorphology: 299-310.

Schumm S A. 1977. The Fluvial System. New York: Wiley Interscience: 338.

Statzner B, Gore J A, Resh V H. 1988. Hydraulic stream ecology observed patterns and potential applications. Journal of the North American Benthological Society, 7 (4): 307-360.

Strahler A N. 1957. Quantitative analysis of watershed geomorphology. Transactions of the American Geophysical Union, 38: 913-920.

Taylor E B. 2004. An analysis of homogenization and differentiation of Canadian freshwater fish faunas with an emphasis on British Columbia. Canadian Journal of Fisheries and Aquatic Sciences, 61 (1): 68-79.

Thomson J R, Lake P S, Downes B J. 2002. The effect of hydrological disturbance on the impact of a benthic invertebrate predator. Ecology, 83 (3): 628-642.

Thomson J R, Taylor M P, Brierley G J. 2004. Are River Styles ecologically meaningful? A test of ecological significance of a geomorphic river characterization scheme. Aquatic Conserv: Mar. Freshw. Ecosyst., 14: 25-48.

Turner M G, Gardner R H, O'Neill R V. 2001. Landscape Ecology in Theory and Practice. New York: Springer-Verlag: 22-34.

Van S J, Hughes R M. 2000. Classification strengths of ecoregions, catchment, and geographic clusters for aquatic vertebrates in Oregon. Journal of the North American Benthological Society, 19 (3): 370-384.

Vannote R L, Minshall G W, Cummins K W, et al. 1980. The river continuum concept. Canadian Journal of Fisheries and Aquatic Sciences, 37: 130-137.

Verdonschot P F M. 1992. Typifying macrofaunal communities of larger disturbed waters in the Netherlands. Aquatic Conservation-marine and Freshwater Ecosystems, 2 (3): 223-242.

Verdonschot P F M. 2006. Data composition and taxonomic resolution in macroinvertebrate stream typology. Hydrobiologia, 566: 59-74.

Verdonschot P F M, Nijboer R C. 2004. Testing the European stream typology of the Water Framework Directive for macroinvertebrates. Hydrobiologia, 516 (1): 35-54.

Vinson M R, Hawkins C P. 1998. Biodiversity of stream insects: variation at local, basin and regional scales. Annual Review of Entomology, 43: 271-293.

Ward J V. 1989. The four dimensional nature of lotic ecosystems. Journal of the North American Benthological Society, 8: 2-8.

Wesche T A, Goertler C M, Hubert W A. 1987. Modified habitat suitability index model for brown trout in southeastern Wyoming. North American Journal of Fisheries Management, 7 (2):232-237.

White M D, Greer K A. 2006. The effects of watershed urbanization on the stream hydrology and riparian vegetation of Los Penasquitos Creek, California. Landscape and Urban Planning, 74 (2):125-138.

Woolfe K J. 1996. Fields in the spectrum of channel style. Sedimentology, 43: 797-805.

Wright J F, Moss D, Armitage P, et al. 1984. A preliminary classification of running water sites in Great Britain Based on maco-invertebrate species and the prediction of community type using environmental data. Freshwater Biology, 14: 221-256.

# 索 引

## D

| | |
|---|---|
| 底栖生物 | 1 |
| 地貌 | 12 |
| 地质 | 8 |
| 地质年代 | 25 |

## G

| | |
|---|---|
| 功能 | 1 |

## H

| | |
|---|---|
| 河流生态系统 | 1 |
| 河流生态系统健康 | 43 |
| 河型 | 39 |
| 环境要素 | 1 |

## J

| | |
|---|---|
| 景观娱乐 | 5 |

## N

| | |
|---|---|
| 泥沙输移 | 5 |

## P

| | |
|---|---|
| 平面形态 | 15 |
| 评价 | 28 |

## Q

| | |
|---|---|
| 气候 | 5 |

## R

| | |
|---|---|
| 人类活动 | 2 |

## S

| | |
|---|---|
| 生态修复 | 3 |
| 生物多样性 | 20 |
| 生物群落 | 1 |
| 输水泄洪 | 5 |
| 水环境 | 1 |
| 水生态 | 1 |
| 水生植物 | 1 |
| 水文 | 2 |
| 水质净化 | 5 |
| 水资源 | 3 |

## Y

| | |
|---|---|
| 鱼类 | 2 |

## Z

| | |
|---|---|
| 藻类 | 7 |
| 指标 | 55 |
| 综合分类 | 42 |